国家电网
STATE GRID

国网技术学院培训系列教材

U0289054

装 表 接 电

袁 旺 主编

中国电力出版社
CHINA ELECTRIC POWER PRESS

内 容 提 要

为提高培训质量，国网技术学院依据国家电网公司制订的培训方案，结合自身实训设施和培训特点，编写完成了《国网技术学院培训系列教材》。

本书为《国网技术学院培训系列教材 装表接电》分册。共分六个学习情境，主要内容包括装表接电基础知识、0.4kV电能计量装置柜后接线实训、0.4kV电能计量装置柜前接线实训、10kV电能计量装置柜后接线实训、10kV电能计量装置柜前接线实训、电能计量装置施工方案及现场作业要求。

本书可作为电力营销专业的培训教学用书，也可作为各电力培训中心及电力职业院校的电力营销专业教学参考书。

图书在版编目（CIP）数据

装表接电/袁旺主编 . —北京：中国电力出版社，2013.2
（2022.9重印）

国网技术学院培训系列教材

ISBN 978 - 7 - 5123 - 4035 - 0

Ⅰ.①装… Ⅱ.①袁… Ⅲ.①电工—安装—职业培训—教材

Ⅳ.①TM05

中国版本图书馆 CIP 数据核字（2013）第 023798 号

中国电力出版社出版、发行

（北京市东城区北京站西街 19 号 100005 http://www.cepp.sgcc.com.cn）

北京雁林吉兆印刷有限公司印刷

各地新华书店经售

*

2013 年 2 月第一版 2022 年 9 月北京第八次印刷

710 毫米×980 毫米 16 开本 13.5 印张 173 千字

印数 14031—15030 册 定价 **75.00** 元

国家电网公司
STATE GRID
CORPORATION OF CHINA

前　言

　　为贯彻落实国家电网公司"人才强企"战略，积极服务公司"三集五大"体系建设和智能电网发展对技能人才的需求，打造高素质的技术、技能人才队伍，提升企业素质、队伍素质，增强培训的针对性和时效性，创新国内一流、国际先进的示范性培训专业和标杆性培训项目，国网技术学院组织院内专职培训师、兼职培训师及国家电网公司系统内专业领军人才、生产技术和技能专家，结合国网技术学院实训设施和高技术、高技能员工培训特点，坚持面向现场主流技术、技能发展趋势的原则，编写了《国网技术学院培训系列教材》。

　　《国网技术学院培训系列教材》以培养职业能力为出发点，注重从工作领域向学习领域的转换，注重情境教学模式，把"教、学、做"融为一体，适应成年人学习特点，以达到拓展思路、传授方法和固定习惯的目的。

　　《国网技术学院培训系列教材》开发坚持系统、精炼、实用、配套的原则，整体规划，统一协调，分步实施。教材编写针对岗位特点，分析岗位知识、技术、技能需求，强化技术培训、结合技能实训、体现情景教学、覆盖业务范围、适当延伸视野，向受训学员提供全面的岗位成长所需要的素质、技术、技能和管理知识。编写过程中，广泛调研和比较分析现有教材，充分吸取其他培训单位在探索培养高素质的技术技能人才和教材建设方面取得的成功经验，依托行业优势，校企合作，与行业企业共同开发完成。

《国网技术学院培训系列教材》在经过审稿和试用后，已具备出版条件，将陆续由中国电力出版社出版。

本书为《国网技术学院培训系列教材 装表接电》分册。全书分为六个学习情境，由国网技术学院袁旺、田志斌、张国静、张俊玲、徐家恒、郭方正、荆辉、天津市电力公司周育杰、湖北省电力公司王志、祝红伟、辽宁省电力有限公司施贵军编写。全书由国网技术学院袁旺担任主编，河南省电力公司秦楠担任主审，甘肃省电力公司王林信、上海市电力公司王海群、黄俐萍、山东电力集团公司王相伟、江苏省电力公司丁晓参审。

由于编者自身认识水平和编写时间的局限性，本系列教材难免存在疏漏之处，恳请各位专家及读者不吝赐教，帮助我们不断提高培训水平。

编　者

2012 年 11 月

目 录

前言

学习情境一　装表接电基础知识 ·· 1

　　任务一　装表接电工作概述 ·· 1

　　任务二　电能计量装置 ·· 4

　　任务三　常用工具介绍及使用 ······································ 13

　　任务四　导线选择 ··· 19

　　任务五　实训准备及设备认知 ······································ 22

学习情境二　0.4kV 电能计量装置柜后接线实训 ····················· 30

　　任务一　试验接线盒结构及工作原理 ································ 30

　　任务二　电压二次回路接线 ·· 34

　　任务三　电流互感器基础知识 ······································ 42

　　任务四　电流互感器二次回路接线 ·································· 50

学习情境三　0.4kV 电能计量装置柜前接线实训 ····················· 63

　　任务一　三相四线电能表接线方式 ·································· 63

　　任务二　三相四线电能表零线接线 ·································· 80

　　任务三　三相四线电能表 U 相接线 ································ 94

　　任务四　三相四线电能表 V 相接线 ································ 101

　　任务五　三相四线电能表 W 相接线 ······························ 106

学习情境四　10kV 电能计量装置柜后接线实训 ·············· 112

　　任务一　电压互感器基础知识 ······························ 112

　　任务二　互感器二次侧保护接地线连接 ···················· 120

　　任务三　电压互感器二次回路接线 ························· 132

　　任务四　电流互感器二次回路接线 ························· 136

学习情境五　10kV 电能计量装置柜前接线实训 ·············· 145

　　任务一　三相三线电能表接线方式 ························· 145

　　任务二　三相三线电能表 U 相接线 ······················ 162

　　任务三　三相三线电能表 V 相接线 ······················ 168

　　任务四　三相三线电能表 W 相接线 ····················· 170

　　任务五　电能计量装置装换工作单填写 ···················· 175

学习情境六　电能计量装置施工方案及现场作业要求 ·········· 180

　　任务一　电能计量点的设置及计量方式 ···················· 180

　　任务二　电能计量装置分类及配置要求 ···················· 184

　　任务三　电能计量装置的选择 ····························· 189

　　任务四　电能计量装置安装要求 ··························· 193

　　任务五　电能计量装置的竣工验收 ························· 200

参考文献 ·· 205

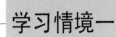

装表接电基础知识

【学习情境描述】

装表接电基础知识学习情境分为装表接电工作概述、电能计量装置、常用工具介绍及使用、导线选择、实训准备及设备认知五部分内容。

【教学目标】

1. 了解装表接电工作的意义和内容；

2. 掌握电能计量装置概念、组成及相关知识；

3. 认知装表接电工作中常用工具并能够正确、规范使用；

4. 明确准备工作的必要性和重要性，掌握实训设备结构及各部分作用，了解工作原理；

5. 能够根据不同要求正确选择合适导线。

任务一　装表接电工作概述

【任务描述】

本模块学习装表接电工作的意义、内容、职责等；通过业扩报装流程的学习，介绍装表接电工作，阐述装表接电工作内容。

装表接电是供电企业的基本工种之一，也是电力营销工作的主要内容。正确地装表、接线是安全供电及准确、公正计收电费的根本保障，直接体现了供电企业优质服务水平。

一、装表接电工作的意义

装表接电工作是电力营销部门工作的重要环节，各用电单位电气设备的新建、改（扩）建等竣工后，都必须经过装表接电人员安装电能计量装置及其附属设备后才能接电。

在业扩报装中，装表接电工作质量、服务质量的好坏直接关系到供用电双方的经济效益；如图 1-1 所示，装表接电是业扩报装全过程的终结，是客户实际取得用电权的标志，也是电力销售计量的开始。

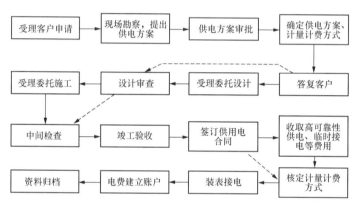

图 1-1 业扩报装流程

二、装表接电工作基本内容及工作质量

装表接电的主要任务包括电能计量装置的安装验收、电能表周期轮换及电能计量装置现场维护、故障处理等。凡属于用户装设的计费装置，包括单相、三相和高压、低压装置，从一次进户线到计量装置的所有二次回路，均属于装表接电工作范围。

（1）负责新装、增容、故障、销户等电能计量装置的装、拆、移、换工作，做到安装接线正确，确保电能计量装置准确、可靠运作。

（2）负责接户线和进户线的装、拆、移、换工作，维护、检修、更新改造工作，确保正常供电和安全运行。

（3）负责电能计量装置周期轮换工作。

（4）负责互感器和电能表的故障更换及现场检查。

（5）负责低压配电线路因接户线布置不均而造成三相负荷电流不平衡的调整工作。

（6）妥善保管工作传票、印封，不得更改和丢失，电能计量表的底数填写应准确无误，经各自签名后及时传递工作传票。

（7）认真作好各种原始记录、数据、资料的汇总统计和分析工作，及时填报各种报表。

另外，各地区还可根据本地区的实际情况，统筹考虑电能计量装置设计及图纸审核、计量装置的接线及倍率等运行情况的定期核查、电能表及互感器的需用计划和分管月报等工作，制订相应的装表接电工作内容范围。

装表接电的工作质量，是以装表接电工能否严格依照国家和行业的相关标准规定，熟练应用各种专业工具，将计量用电能表、互感器及其他相关部件快速、准确安装到位，确保电能计量装置接线正确、可靠及整体布局合理、布线整齐、美观等方面来评判的。

三、装表接电岗位主要职责

装表接电人员必须树立全心全意为客户服务的思想，要掌握技术、精通业务、熟悉《电力法》、《安全法》、《计量法》、DL 408—1991《电业安全工作规程》（发电厂和变电所电气部分）等法律法规，应对所辖范围内的电能计量装置的准确性、可靠性和合理性负责，保证计量装置接线正确、整齐美观、准确无误地计收电费，为客户提供更优质的服务。

（1）严格执行上级颁发的有关规章制度及现场作业、管理安全规程制度。发现违章、窃电行为，必须当场向客户指出，做好保护现场工作后报告有关部门处理，不得隐瞒和私了。

（2）严格执行接户与进户装置的技术规范和安装要求，确保安装质量符合技术规范和安全要求。

（3）建设"以人为本、忠诚企业、奉献社会"的企业理念，遵守国家电网公司供电服务"十项承诺"、国家电网公司"三公"调度"十项措施"、国家电网公司员工服务"十个不准"、供电职工服务守则和供电企业职工文明服务行为规范，做好优质服务，解答客户提出的有关用电问题，提供相应的技术指导或服务。

（4）服从工作分配，完成领导交办的其他工作。

四、装表接电工作人员基本要求

作为一名合格的装表接电人员，要为电力客户提供优质、规范、方便、快捷的服务，除了必须掌握相关的电气基础理论知识和一定的计算机水平外，还必须掌握电能计量装置的机构、原理、接线及错误接线的判断分析方法，掌握常用材料、工具、仪表的使用方法，具备登杆作业和电能计量装置安装等娴熟的操作技能，能独立进行计量装置的装、拆、移、换等工作，有一定的分析、解决问题的能力。

五、装表接电前客户应具备的条件

（1）客户内部工程和与其配合的外线工程都必须竣工并验收合格。

（2）业务费用等均已交齐。

（3）供电协议已签订。

（4）计量室已配好电能表和互感器。

（5）有装表接电的工作单。

任务二　电能计量装置

【任务描述】

本模块学习电能计量装置的概念；电能表作用、分类、铭牌含义及相关术语；互感器作用、分类、型号含义及相关术语；二次回路和计量箱基础知识。

把电能表与其配合使用的计量互感器、二次回路及计量柜（屏、箱）所组成的整体称为电能计量装置。包括以下 4 部分：①电能表；②计量用互感器（电流互感器和电压互感器）；③电能表与互感器之间的连接线（二次线）；④计量柜（屏、箱）。

一、电能表

1. 作用及分类

（1）作用。专门用来计量某一时间段内电能累计值的仪表称为电能表。凡是用电的地方几乎都装有电能表，它是工农业生产和人们生活不可缺少的常用专用仪表。

（2）分类。电能表的分类见表 1-1。

表 1-1　　　　　　　　　　　**电 能 表 的 分 类**

分类性质	分 类 情 况
根据使用电源性质	交流电能表和直流电能表
根据平均寿命的长短	普通寿命电能表和长寿命技术电能表
根据计量电路电能	单相电能表，三相四线电能表，三相三线电能表
根据用途	有功、无功、标准电能表，多功能电能表，最大需量表，复费率、预付率电能表
根据准确度等级	普通级电能表（1.0、2.0、3.0），精密级电能表（0.2、0.5），最精密级电能表（0.1、0.05）
根据结构原理	感应式（机械式）电能表，电子式（静止式）电能表，机电式（一体式）电能表，智能电能表

2. 铭牌含义

电能表型号含义如下：

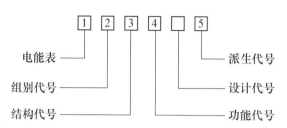

电能表型号字母含义见表 1-2。

表 1-2　　　　　　　　　　电能表型号字母含义

型号字母排列顺序	代　号　含　文
1	D—电能表
2	D—单相；S—三相三线；T—三相四线；B—标准
3	S—全电子式
4	Y—预付费；F—复费率；D—多功能；I—载波抄表；Z—最大需量；X—无功电能
5	H—船用；G—高原用；TA—干热专用；HT—湿热专用；F—化工防腐

3. 相关名词术语

(1) 基本电流（或标定电流）I_b。标明在电能表上作为计算负荷基数的电流。直接接通式单相有功电能表的常用基本电流值有 1、2、5、10、20、50A。直接接通式三相电能表的常用基本电流值有 5、10、20、50、80A。

(2) 额定电流（或额定最大定流）I_N。指电能表长期工作而其误差和温升不超标（即不超过制造技术标准规定的允许误差）的最大电流值，电能表的额定电流通常被称为额定最大电流。

额定电流通常用括号标注在标定电流之后，如 5 (10) A、6 (12) A、1.5 (6) A 等；对于三相电表还应在前面乘上相数，如 3×3 (6) A、3×5 (20) A 等；对于经电流互感器接入的电能表，则应标明互感器的额定变比（电能表常数中已考虑变比），如 3×1000/5A、3×200/5A；如果电能表常数中未考虑变比，那么应标为 3×5A。

额定电流表示电能表的负荷范围，它是电能表性能好坏的一个重要指标。

所谓宽负荷电能表，就是指可以扩大使用电流范围的电能表，在它允许扩大的负荷范围内，基本误差仍然不应超过原来规定的数值。

（3）额定电压 U_N（参比电压）。电能表长期工作时所能承受的电压。

对于直接接通式电能表（简称直通式电能表）：

1）3×380V 表示三相三线直通式电能表，额定线电压为 380V；

2）3×220/380V 表示三相三线直通式电能表，额定线电压为 380V；

3）220V 表示单相直通式电能表，电压线路接线端电压为 220V。

对于经电压互感器接入的电能表，则应标明互感器的额定变比（电能表常数中已考虑变比），如 3×10000/100V、3×6000/100V、3×35000/100V（三相、二次额定电压为 100V）；如果电能表常数中未考虑变比，那么应标为 3×100V。

（4）电能表常数 C。表示电能表记录单位电能量时电能表的转数或脉冲数，如 $C=1800r/kWh$。无功电能表和电子式电能表的电能表常数单位分别为 r/kvarh、imp/kWh、imp/kvarh。对于电子式电能表，电能表常数也称为脉冲常数。

（5）潜动。感应式电能表无负荷电流时转盘转动的现象。

（6）启动电流。在额定条件下，使感应式电能表转盘不停转动的最小负荷电流。启动电流的大小反映了电能表灵敏度的高低。

（7）准确度（精度）等级 K。表示在规定条件下的误差等级，一般以记入圆圈中的等级数字表示（如①表示电能表的准确度等级为 1），无标志的视为 2.0 级；或以"CL.0.5"、"CL.1.0"表示准确度的高低。

二、互感器

由于仪表的量限不能无限扩大，在计量交流电网中的高电压、大电流系统的电能时，需要使用一种能按比例地变换被测交流电压或电流的计量器具。其中变换交流电压的称为电压互感器，文字符号为 TV（旧称 PT、YH）；变换交流电流的称为电流互感器，文字符号为 TA（旧称 CT、LH）。互感器的作用就是对交流电网上的高电压、大电流进行变换，以满足仪表工作的需要，并把高压回路和仪表回路隔离，有效保护仪表及工作人员的安全，同时利用互感器把二次电压、电流统一起来，有利于电能表制造规格的规范化。

1. 互感器作用及分类

（1）互感器作用主要有以下 5 点：

1）利于扩大测量仪表的量程，而且功耗小，因为互感器将大电流或高电压降低为小电流或低电压。

2）有利于测量仪表的标准化和小型化，因为使用互感器以后不必要再按测量电流的大小或测量电压的高低设计不同量程的仪表。

3）有利于保障测量工作人员和仪表设备的安全，因为互感器隔离了被测电路的大电流或高电压。另外，当电力线路发生故障出现过电压或过电流时，由于互感器铁芯趋于饱和，其输出不会呈正比增加，能够起到对测量人员及仪表的保护作用。

4）有利于降低测量仪表等二次设备的绝缘要求，因为使用互感器以后不必再按实际被测电流或电压设计测量仪表，从而简化仪表工艺、降低生产成本，方便安装使用。

5）有利于进行远距离测量，因为使用互感器以后可以利用较长的小截面导线方便地进行远距离测量。

另外，可以通过互感器取出零序电流或零序电压分量供反映接地故障的继电保护装置使用；还可以通过互感器改变接线方式，满足各种测量和保护的要求，而不受一次回路的限制。

（2）互感器分类。

电流互感器主要有以下 5 种分类方式。

1）按电压等级：可分为高压和低压，高供高计电能计量装置采用高压电流互感器，高供低计电能计量装置采用低压电流互感器。低压电流互感器按外形可分为羊角式与穿心式，可根据实际需要选择。对于大变比的低压电流互感器，采用羊角式，应处理好接头，否则容易烧毁；而小变比的低压电流互感器采用穿心式，由于采用多匝安装方式，需防止产生计量倍率差错。目前电力系统中，不建议使用多匝的穿心式低压电流互感器。

2）按安装地点：可分为户内式和户外式电流互感器。

3）按绝缘种类：可分为油绝缘、浇注绝缘、干式、瓷绝缘和气体绝缘等电流互感器。

4）按用途：可分为测量用和保护用电流互感器。

5）按准确度等级：可分为 0.1、0.2S、0.2、0.5S、0.5、1.0、2.0、3.0、5.0 级测量用电流互感器和 5P、10P 级保护用电流互感器（P 表示保护用），用于试验进行精密测量的还有 0.01、0.02、0.05 级。电能计量装置通常用 0.2S、0.5S 级测量用电流互感器。

电压互感器主要有以下 6 种分类方式。

1）按相数：可分为单相和三相电压互感器。

2）按安装地点：可分为户内式和户外式电压互感器。

3）按工作原理：可分为电磁式、电容式、光电式。一般常用在配电系统的多为电磁式互感器，电容式电压互感器适用于 110kV 及以上电压等级。

4）按绝缘方法：可分为油绝缘、浇注绝缘、一般干式和气体绝缘等电压互感器。

5）按用途：可分为测量和保护用电压互感器。

6）按准确度等级：可分为 0.1、0.2、0.5、1.0、2.0、3.0 级测量用电压互感器和 3P、6P 级保护用电压互感器，用于试验进行精密测量的还有 0.01、0.02、0.05 级。电能计量装置通常用 0.2、0.5 级测量用电压互感器。

2. 互感器型号含义

（1）电流互感器。通常电流互感器的型号用横列拼号字母和数字来表达，如下：

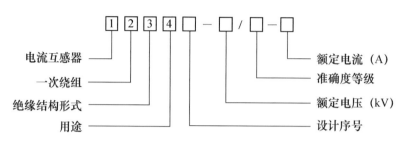

电流互感器型号字母含义见表 1-3。

表 1-3　　　　　　　　　　电流互感器型号字母含义

型号字母排列顺序	字　母　含　义
1	L—电流互感器
2	A—穿墙式；B—支持式；C—瓷套式；D—单匝贯穿式；F—复匝贯穿式；M—母线式；Q—线圈式；R—装入式；Z—支柱式；Y—低压式；J—零序接地保护
3	W—户外式；C—瓷绝缘；S—速饱和型；G—改进型；K—塑料外壳；L—电缆电容型绝缘；Z—浇注绝缘
4	B—保护级；D—差动保护用；Q—加强式；J—加大容量

注意：10kV 及以上的电流互感器一般有 2 个二次绕组：一个专用于电能计量；另一个用于继电保护和一般监测。前者的准确度等级高于后者，必须为 0.5 级及以上。

（2）电压互感器。电压互感器的型号表示如下：

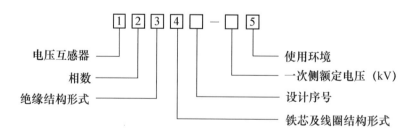

电压互感器型号字母含义见表 1-4。

表 1-4 电压互感器型号字母含义

型号字母排列顺序	字 母 含 义
1	J—电压互感器
2	S—三相式；D—单相式；C—串级式
3	J—油浸式；G—干式；C—瓷绝缘式；Z—浇注绝缘式；R—电容分压式
4	W—三绕组五柱铁芯结构；B—带补偿绕组；J—有接地保护用辅助绕组
5	GY—高原型；TH—湿热带型

三、二次回路

电能计量装置的种类很多，低供低计电能计量装置仅配有电能表，而高供低计计量装置除电能表外还有电流互感器及其二次回路，高供高计计量装置除电能表外还有电压、电流互感器及其二次回路，所有电能计量器具都应安装在电能计量柜（屏、箱）中。

1. 互感器二次回路负荷

由于电能计量二次回路负荷直接影响着互感器的误差，故目前电力系统已开展对互感器二次回路负荷检测工作，要求互感器的二次负荷必须达到 25%～100% 额定负荷，否则判定为不合格。电流互感器的负荷是指接在二次绕组端钮间的仪表、仪器和连接导线等的总阻抗，影响误差的因素有电流互感器（表计电阻）、导线（电缆）截面积、导线长度。对电压互感器，影响误差的因素有电压互感器负荷，导线（电缆）截面积、导线长度，其中，电压互感器二次回路压降所引起的计量误差在电能计量装置综合误差中占很大比例。

2. 电压互感器二次回路压降误差

电能表电压线圈上的电压取自电压互感器，由于回路中熔断器、开关、电缆、接触电阻等的电压降，使电能表端电压和电压互感器出口电压在数值和相位上不一致，造成电压互感器二次回路压降误差。

20世纪90年代末期，安装运行于变电站中的电压互感器，往往离装设于主控室电能表盘上的电能表有较远的距离（如有的500kV变电站，距离长达七八百米）。它们之间的二次连接导线较长，而且电压回路过渡端子、接触点较多，其电阻值较大，如果二次回路负荷较重，负荷电流较大，由此引起的电压互感器二次回路压降将较大。

有效减少电压互感器二次回路压降的常用方法如下：

（1）增大二次回路的线径。其优点是可以有效降低压降，但线径越大，成本越高，且当线径增大到一定程度时，其对减少压降的作用越来越小。

（2）减小二次回路长度。可将电能表装在TV二次侧出口处，此法优点是可以有效降低压降。

（3）取消回路中的一些保护器件。优点是可以起到一定的降低压降作用；缺点是可靠性会降低。

（4）定期对开关、熔断器、端子的接触部分进行打磨、维护，减小接触电阻。优点是可以起到一定的降压作用；缺点是只有在停电时才能进行。

目前新建变电站通常采取在电压互感器附近建一小室，将电能表就近安装的方式来降低压降，旧变电站可根据具体情况加以改造。

四、计量柜（屏、箱）

电能计量柜（屏、箱）是电能计量装置的组成部分，加强对其质量把关和现场管理与电气部门及客户的经济效益密切相关。

随着人们对电能计量装置的安全性、可靠性的要求越来越高，电力管理部门及产品设计、研制单位共同开发研制电能计量柜（屏、箱），可结合各地区的实际情况，着重从电能计量柜（屏、箱）的管理、安全性、反窃电功能及工效方便性等方面加以考虑。

图1-2所示为Q/GDW 347—2009《电能计量装置通用设计》规定的电能计量柜结构简图。

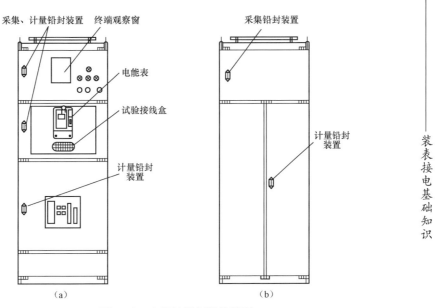

图 1-2 电能计量柜结构简图

（a）正视图；（b）背视图

任务三 常用工具介绍及使用

【任务描述】

本模块从用途、使用方法及注意事项三方面介绍常用工具，通过学习本节内容，学员能够正确、合理地使用工具。

装表接电工在日常安装和维修工作中离不开电工工具，电工工具质量不合格和使用方法不当，都会直接影响操作质量和工作效率，甚至会造成生产事故和人身伤亡事故。因此，掌握常用电工工具的性能和正确的方法，对提高工作效率和安全生产具有重要意义。

常用的电工工具包括电工安全用具、钳具、手动旋具、电动工具等。现场使用电工工具的一般性规定如下：

（1）严禁使用电工工具从事与本工具不相符的工作，例如用扳手撬东西或充当榔头，普通手钻当冲击钻使用等。

（2）使用电工工具前，应检查工具性能是否符合现场工作要求。

（3）凡需要进行带电作业的电工工具，应检查其试验合格证是否在有效期内，是否按有关规定进行定期试验。

（4）当发现电工工具的绝缘部分有破损时，严禁从事带电作业，应及时更换绝缘护套或更换工具后方可进行带电作业。

本项目操作所需工具包括低压验电器、万用表、相位伏安表、剥线钳、十字螺丝刀、一字螺丝刀、钢丝钳、斜口钳、活动扳手。

1. 低压验电器

（1）用途。验电器是检查导线和电气设备是否带电的工具，分为高压和低压两种，装表接电工主要使用低压验电器，又称验电笔，如图1-3所示，常做成钢笔式或螺丝刀式。

（2）使用方法。使用低压验电器时，手触及金属笔挂（或金属螺钉），电流经被测带电体、验电器、人体到大地，形成通电回路。只要被测带电体与大地之间的电位差超过60V，验电器中的氖管就会发光，这就表示被测体带电。

图1-3　低压验电器

（3）注意事项。

1）低压验电器使用前，应在已知带电体上测试，证明验电器确实良好方可使用。

2）使用时，应使低压验电器逐渐靠近被测物体，直到氖管发亮；只有在氖管不发亮时，人体才可以与被测物体试接触。

3）使用时，应注意手必须触及尾部的金属体（金属笔挂或金属螺钉），否则构不成通电回路，氖管不发光。

4）因氖管亮度较低，使用时应注意避光检测，以防误判。

5）低压验电器的检测电压范围为 60～500V。

6）若氖管两级都发光，则被测体带交流电；若一极发光，则被测体带直流电。

2. 万用表

图1-4　万用表

万用表是一种多用途和多量程的直读式仪表，如图1-4所示。万用表一般可测量交直流电流、交直流电压和电阻，有的还可测量电感、电容、功率及晶体管直流放大系数等。

3. 剥线钳

（1）用途。剥线钳是用来剥落小直径导线绝缘层的专用工具，如图1-5所示。它的钳口部分设有多个咬口，用以剥落不同直径的导线绝缘层。其柄部是绝缘的，耐压一般为500V。

图1-5　剥线钳

（2）使用方法。使用剥线钳时，把待剥导线线端放入相应的刀口中，然后用力握钳柄，导线的绝缘层即被剥落。

（3）注意事项。

1）在使用剥线钳时，不允许用小咬口剥大直径导线，以免咬伤线芯。

2）严禁当钢丝钳使用，以免损坏咬口。

3）带电操作时，要首先查看柄部绝缘是否良好，以防触电。

4. 钢丝钳

（1）用途。钢丝钳简称钳子，又叫卡丝钳、老虎钳，由钳头、钳柄和绝缘管三部分组成，是一种夹持或折断金属薄片、切断金属丝的工具，如图1-6所示。钳头又分钳口、齿口、刀口和铡口四部分。电工用的钢丝钳的柄部套用绝缘套管（耐压500V），其规格用钢丝钳全长的毫米数表示，常用的

图 1-6　钢丝钳

有 150、175、200mm 三种。钢丝钳的不同部位有不同的用途：钳口用来弯绞和钳夹导线线头；齿口用来紧固或松动螺母（有的地方规定不得如此使用）；刀口用来剪切导线、钳断铁丝或剖削导线绝缘层；铡口用来铡切导线线芯、钢丝等较硬的金属。

（2）使用方法。

1）使用前，必须检查绝缘柄的绝缘是否良好，绝缘如破坏，进行带电作业时会发生触电事故。

2）使用钢丝钳时一般用右手，使钳口朝内侧，便于控制钳切部分；用小指伸在两钳柄中间用以抵住钳柄，张开钳口，进行相关操作。

（3）注意事项。

1）剪切带电导线时，不得用刀口同时剪切相线和中性线，或同时剪切两根相线，以免发生短路事故。

2）切勿用刀口去钳断钢丝，以免损伤刀口。

3）铡切可带电进行，但操作前一定要检查绝缘管有无破损，以免手握钳柄触电。

5. 尖嘴钳

（1）用途。尖嘴钳的头部尖细，适用于在狭小的工作空间操作，主要用来剪切线径较细的单股与多股线、给单股导线弯圈以及夹取小零件等，有刀口的尖嘴钳还可剪断导线、剥削绝缘层，如图1-7 所示。尖嘴钳的规格以全长的毫米数表示，有 130、160、180mm 等多种。它的柄部套有绝缘套管，耐压一般为 500V。

图 1-7　尖嘴钳

（2）使用方法。

1）使用前，必须检查绝缘柄的绝缘是否良好，绝缘如损坏，进行带电作业时会发生触电事故。

2）使用尖嘴钳时一般用右手，使钳口朝内侧，便于控制钳切部位；用小指伸在两钳柄中间用以抵住钳柄，张开钳头，进行相关操作。

3）用尖嘴钳弯导线接头的操作方法是：先将线头向左折，然后紧靠螺杆依顺时针方向向右弯即成。

（3）注意事项。使用时，避免同时碰触两根相线，发生短路事故。

6. 斜口钳

（1）用途。斜口钳由钳子和钳柄组成，钳头部分为较为锋利的切口，并有斜角，如图 1-8 所示。主要用于工作部位小的空间场所。

（2）使用方法。斜口钳手柄长、钳口短，在剪切时可产生较大切力，加上切口的结构，因此切断导线非常快捷，切口也很光滑，所以在电工作业中经常用以切断二次回路导线、扎带和封印铅丝之类，也可剥割导线绝缘。

图 1-8 斜口钳

（3）注意事项。使用斜口钳要量力而行，不可以用来剪切钢丝、钢丝绳、过粗的铜导线和铁丝，否则容易导致斜口钳子崩牙和损坏。

7. 手动旋具

（1）装表接电工常用的手动旋具主要是螺丝刀，又叫改锥，俗称起子，是用来紧固或拆卸螺钉的工具。一般分为一字形、十字形和多用螺丝刀，如图 1-9 所示。

1）一字形螺丝刀的规格用柄部以外刀体长度的毫米数表示，常用的有 100、150、200、300、400mm 五种。

2）十字形螺丝刀分为四种型号：Ⅰ号适用于直径为 2～2.5mm 的螺钉，Ⅱ、Ⅲ、Ⅳ号分别适用于 3～5mm、6～8mm、10～12mm 的螺钉。

3）多用螺丝刀是一种组合式的工具，既可作螺丝刀使用，又可作低压验

（a）
（b）

图 1-9　螺丝刀

（a）一字形螺丝刀；（b）十字形螺丝刀

电器使用。此外还可用它进行锥、钻。它的柄部和刀体是可以拆卸的，并附有规格不同的螺丝刀体、三棱椎体、金属钻头、锯片、锉刀等附件。

（2）注意事项。

1）电工不可使用金属杆直通柄顶的螺丝刀，否则易造成触电事故。

2）使用前，应对绝缘情况进行检查。

3）使用螺丝刀紧固或拆卸带电的螺钉时，手不得触及旋具的金属杆，以免发生触电事故。

4）为了避免螺丝刀的金属杆触及皮肤或邻近带电体，应在金属杆上穿套绝缘套管。

8．活络扳手

（1）用途。活络扳手是用于紧固和松动螺母的一种专用工具，如图 1-10 所示，主要由活扳唇、呆扳唇、扳口、蜗轮、轴销等构成，其规格（长度×最大开口宽度）以 mm 表示，常用的有（150×19）mm（6in）、（200×24）mm（8in）、（250×30）mm（10in）、（300×36）mm（12in）等。

图 1-10　活络扳手

（2）使用方法。使用时，将扳口放在螺母上，调节蜗轮，使扳口将螺母轻轻咬住，呆扳唇放在螺母受力的方向上，用手扳动手柄，紧固或松动螺母。

（3）注意事项。活络扳手不可反用，以免损坏活扳唇。在扳动大螺母时，需较大的力矩，应握住手柄端部；扳动较小螺母，需较小的力矩，为防止螺母损坏，应握在手柄的根部。

任务四 导 线 选 择

【任务描述】

本模块通过学习 DL/T 825—2002《电能计量装置安装接线规则》中电能计量装置导线选择主要技术依据，掌握导线截面、长度、型号及质量方面的选择要求，能够做到正确、合理的选择导线。

电能计量装置导线的选择依据是 DL/T 825—2002《电能计量装置安装接线规则》和导线的安全载流量技术指标。

一、导线截面积的选择

1. 直接接入式电能表

（1）直接接入式电能表的导线截面积应根据额定的正常负荷电流选择，见表 1-5。

表 1-5 负荷电流与导线截面积选择

负荷电流（A）	钢芯绝缘导线截面积（mm²）	负荷电流（A）	铜芯绝缘导线截面积（mm²）
$I<20$	4.0	$60{\leqslant}I<80$	16（7×2.5）
$20{\leqslant}I<40$	6.0	$80{\leqslant}I<100$	25（7×4.0）
$40{\leqslant}I<60$	10（7×1.5）		

注 按 DL/T 448—2000《电能计量装置技术管理规程》规定，负荷电流为 50A 以上时，宜采用经电流互感器接入式的接线方式。

（2）所选导线截面应小于电能表端钮盒接线孔。

（3）一般不使用多股绝缘软铜导线作为电能表进、出线，必须使用时，对导线电能表压接部分做镀锡处理，隔离开关连接侧焊接铜鼻子。

2. 经电流互感器接入式电能表

（1）导线应采用铜质单芯绝缘导线。

（2）计算用电流互感器二次应使用专用回路，不得与电流表及其他设备连接。

（3）二次回路导线额定电压不低于 500V。

（4）对电流二次回路，连接导线截面积应按电流互感器的额定二次负荷计算确定，至少应不小于 4mm²。

电流互感器二次回路导线截面积 A 应按下式进行选择

$$A = \frac{\rho L \times 10^{-6}}{R_{\mathrm{L}}} \tag{1-1}$$

式中　ρ——铜导线的电阻率，此处 $\rho = 1.8 \times 10^{-8} \Omega \cdot \mathrm{m}$；

　　　L——二次回路导线单根长度，m；

　　　R_{L}——二次回路导线电阻，Ω。

R_{L} 值的计算式为

$$R_{\mathrm{L}} \leqslant \frac{S_{2\mathrm{N}} - I_{2\mathrm{N}}^2 (K_{\mathrm{jx2}} Z_{\mathrm{m}} + R_{\mathrm{k}})}{K_{\mathrm{jx}} I_{2\mathrm{N}}^2} \tag{1-2}$$

式中　K_{jx}——二次回路导线接线系数，分相接法为 2，不完全星形接法为 $\sqrt{3}$，星形接法为 1；

　　　K_{jx2}——串联线圈总阻抗接线系数，不完全星形接法时，如存在 V 相串联线圈（如接入 90° 跨相无功电能表）则为 $\sqrt{3}$，其余均为 1；

　　　$S_{2\mathrm{N}}$——电流互感器二次额定负荷，VA；

　　　$I_{2\mathrm{N}}$——电流互感器二次额定电流，一般为 5A；

　　　Z_{m}——计算相二次接入电能表电流绕组总阻抗，Ω；

　　　R_{k}——二次回路接头接触电阻，一般取 $0.05 \sim 0.1\Omega$，此处取 0.1Ω。

根据以上设定值，分相接法的二次回路导线截面积 A 计算式为

$$A \geqslant \frac{0.9L}{S_{2\mathrm{N}} - 25Z_{\mathrm{m}} - 2.5} \tag{1-3}$$

【例 1 - 1】 一台低压电能计量装置，配置 2.0 级三相四线电子式多功能电能表 1 只，经电流互感器接入，配置导线为 BV 型 4mm²，电流互感器容量为 10VA，电能表与电流互感器连接导线单根长度为 20m，采用六线制连接，试验算电流互感器二次回路导线截面积 A 是否满足要求？

解： 电能表一个电流元件消耗功率约为 1W，选用单芯 4mm² 铜质导线，测算是否满足技术要求。

已知：二次回路导线单根长度 L 为 20M，电流互感器二次额定负荷 S_{2N} 为 10VA，计算相二次接入电能表电流绕组总阻抗 $Z_m = \dfrac{1}{25} = 0.04(\Omega)$。

代入
$$A \geqslant \frac{0.9L}{S_{2N} - 25Z_m - 2.5}$$

得
$$A \geqslant \frac{0.9 \times 20}{10 - 1 - 1.25}$$

即
$$A \geqslant 2.3\text{mm}^2$$

答： 经测算，原配置 4mm² 导线截面积大于 2.3mm²，满足要求。

二、导线长度的确定

对于经电流互感器接入式电能表，因二次回路总阻抗的限值，对导线长度有技术要求，其主要原因是导线自身阻抗是互感器二次负荷的一部分，互感器承载负荷的能力及负荷容量必须得到满足，过轻或过重的二次负荷都对计量精度产生不利影响。当导线截面积确定后，导线长度会影响二次回路的导线电阻，必要时刻按式（1 - 3）测算所选择导线的截面积、长度是否满足技术要求。

三、导线型号的确定

（1）一般选用 BV 型铜质绝缘导线，在变电站等场所，也选用满足截面积要求的控制电缆。

（2）当互感器二次回路需要经过活动柜体（门）时，应采用多股绝缘软铜线，但必须对电能表压接部分导线做镀锡处理。使用二次导线压线鼻（压线叉）时，线鼻与导线在压接后还应做镀锡处理。

（3）二次回路导线要求分相色，以方便配线。当使用同色导线时，应使用线号管。

（4）一般情况下，装表人员在选择直接接入式电能表导线型号时主要考虑导线的安全载流量，而诸如电压损失、机械强度、敷设方式和敷设环境等因素对此影响不大。选择电能计量装置二次导线时，除必须满足接线规则外，还要考虑导线阻抗与互感器容量的匹配。

四、导线质量要求

（1）应采用绝缘铜质导线，禁止使用铝质绝缘导线做电能表连接导线。

（2）一次回路使用铝线一定要用铜铝接头连接。

任务五　实训准备及设备认知

【任务描述】

本模块主要学习实训前着装、导线、工具等准备工作；结合高、低压计量培训装置，认知实训设备、了解其组成结构。

一、实训准备

1. 着装要求

（1）长袖棉质工作服、棉质工作裤及线手套，如图 1-11 所示。要求衣服扣子要扣紧，不得将袖子、裤腿挽起。

（2）安全帽。安全帽是用来保护工作人员头部，使头部减少冲击伤害的安全用具。

佩戴要求及注意事项如下：

图 1-11　穿长袖棉质工作服、棉质工作裤、戴线手套

1）凡进入工作现场进行工作的人员均须佩戴安全帽。

2）安全帽佩戴应正确规范，任何时候都要扣好下颚带。

3）禁止将安全帽当板凳使用或放置其他物品。

4）安全帽应完好，使用前应进行下列外观检查：帽壳完整无裂纹，无损伤，无明显变形；帽内衬减振带完好，根据头型调整尺寸并卡紧；装有近电报警装置的安全帽的音响试验正常。

5）对不合格、不能保障安全的安全帽应及时更换，不得使用。

要求：要规范佩戴安全帽，大小要调整合适，绳带要松紧适当，如图 1-12 所示。

（3）绝缘鞋。绝缘鞋是在不同电压等级的电器设备上工作时用来与地面保持绝缘的辅助安全用具，也是防止跨步电压的基本安全用具。应根据作业场所电压正确选用绝缘鞋，低压绝缘鞋禁止在高压电气设备上作为安全辅助用具使用。

图 1-12　正确佩戴
安全帽

使用前，应仔细检查其是否损坏、变形。低压绝缘鞋若底花纹磨光，露出内部颜色时则不能作为绝缘鞋使用。穿用绝缘鞋时，裤管不宜长及鞋底外沿条高度，更不能长及地面，保持鞋帮干燥。

绝缘鞋使用时还应注意以下事项：

非耐酸碱油的橡胶底，不可与酸碱油类物体接触，并应防止尖锐物刺伤。应有检验合格证并且在有效期内。布面绝缘鞋只能在干燥环境下使用，避免布面潮湿。

1）绝缘鞋穿旧以后，应经常检查其绝缘能力。

2）绝缘鞋每半年检验 1 次。

2. 材料准备

（1）0.4kV 电能计量装置接线实训所需导线。

1）柜后所需导线。

电压二次回路导线：单芯绝缘铜导线，黄色、绿色、红色各1根，截面积为 2.5mm²、长度为 2.4m。

电流互感器二次回路导线：单芯绝缘铜导线，黄色、绿色、红色各2根，截面积为 4mm²、长度为 2.4m。

零线：单芯绝缘铜导线，黑色1根，截面积为 2.5mm²、长度为 2.4m。

注意：为节约成本，本实训项目中将电流线、电压线（单芯绝缘铜导线）由经过处理〔对导线一端压接部分做镀锡处理，另一端做压线鼻（压线叉）处理〕、同样颜色的多股铜软线代替。

2）柜前所需导线。

电压线：单芯绝缘铜导线，黄色、绿色、红色各 1 根，截面积为 2.5mm²、长度为 0.8m。

电流线：单芯绝缘铜导线，黄色、绿色、红色各1根，截面积为 4mm²、长度为 1.2m。

零线：单芯绝缘铜导线，黑色1根，截面积为 2.5mm²、长度为 0.8m。

注意：在不出现接线错误的情况下，导线的长度满足接线要求。没有给更长的导线，是因为要养成节约导线的好习惯，同时也可培养学员认真、严谨的工作作风。

（2）10kV 电能计量装置接线实训所需导线。

1）柜后所需导线。

保护接地线：单芯绝缘铜导线、黑色1根、截面积为 2.5mm²、长度为 2m。

电压互感器二次回路导线：单芯绝缘铜导线，黄色、绿色、红色各1根，截面积为 2.5mm²、长度为 1.5m。

电流互感器二次回路导线：单芯绝缘铜导线，黄色、绿色、红色各2根，截面积为 4mm²、长度为 1.5m。

2）柜前所需导线。

电压线：单芯绝缘铜导线，黄色、绿色、红色各 1 根，截面积为 2.5mm²、长度为 0.8m。

电流线：单芯绝缘铜导线，黄色、红色各 1 根，截面积为 4mm²、长度为 1.2m。

（3）其他材料。

白色扎带：20cm、50 根；10cm，50 根。

白色套管：40cm。

黑色签字笔：1 支。

3. 工具准备

本项目操作所需工具包括低压验电器、万用表、剥线钳、十字螺丝刀、一字螺丝刀、钢丝钳、斜口钳、尖嘴钳、活动扳手。

二、实训设备认知

1. 低压计量培训装置

（1）功能介绍。低压计量培训装置，如图 1-13 所示，是适用于低压供电系统与电力用户装表接电培训的电能计量装置。该装置由程控电源、低压电器原件及计量单元组合而成，装置内设有可靠的接地系统和保护电路，用以保证用电的可靠性和人身安全，计量单元采用专用接线盒，计量柜面板上设有电压表和电流表，便于监视电路的用电情况。

（2）结构介绍。低压计量培训装置面板示意如图 1-14 所示。

图 1-13　低压计量培训装置

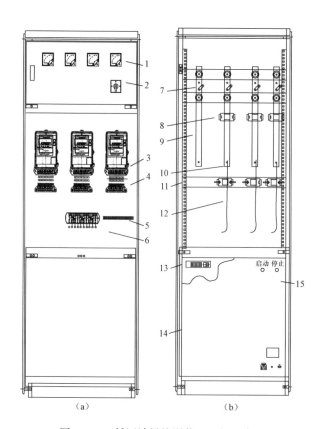

图 1-14　低压计量培训装置面板示意图

（a）正视图；（b）背视图

正面参照计量箱的形式设计，背面参照计量柜的形式设计，互感器直接固定在母排上，元器件作用说明如下。

1——电压表、电流表：指示模拟电源输出的线电压、相电流。

2——万能转换开关：转换显示线电压。

3——电能表安装位置：实训时用来安装电能表，安装完毕不用在此处更改接线。

4——假表尾：模拟实际电能表，接线时由此处接线。

5——测试端子：用于多功能电子表外接信号、通信线。

装表接电基础知识

6——试验接线盒；三相四线接线盒用于互感器电压、电流经此处接到假表尾。

7——电压连接片：为方便从母线排上取电压而设置。

8——电流互感器：母排安装式互感器。

9——母排线：电压电流引线端。

10——互感器安装位置：多种互感器安装位置方便练习接线，互感器变比为 100/5，用于实现带互感器电能表训练接线。

11——三相母线出线端：采用计量箱接线时将此处的螺钉松开，电流线穿过前面板电流互感器接在前面板刀开关的下部出线端。

12——母线出线：可以根据变换匝数比需要穿绕互感器 1 匝或多匝。

13——相位分析检测箱：用于测试分析表位电能表相位幅度等。

14——模拟电源：模拟电源输出三相四线电源到母排上。

15——启动、停止按钮：控制装置电源状态。

2. 高压计量培训装置

（1）功能介绍。高压计量培训装置，如图 1-15 所示，由程控电源、高压电器元件及计量单元组合而成，可模拟三相三线电能表现场常见的多种接线方式。程控电源模拟母线上的电压、电流输出，高压互感器二次输出相应的电压电流，可模拟高压计量在典型错误接线的计量工作状态；还可作为高压计量装置进行装表接电工作的工艺、导线及电能表选择的试验计量培训装置。

（2）结构介绍。高压计量培训装置面板示意如图 1-16 所示。

图 1-15　高压计量培训装置

元器件作用说明如下：

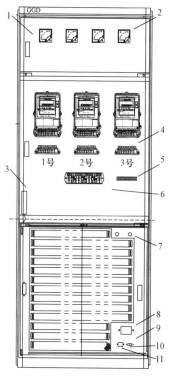

装表接电

图 1-16　高压计量培训
装置面板示意图

1——电压表：指示母线电压，取自电压互感器二次电压。

2——电流表：指示母线电流，取自电流互感器二次电流。

3——手持键盘：用于手动控制该培训装置。

4——假表尾：模拟实际电能表，接线时由此处接线。

5——测试端子：用于多功能电子表外接信号、通信线。

6——试验接线盒：互感器电压、电流经此处接到假表尾。

7——操作按钮：包括复位按钮、启动按钮和停止按钮。

8——总开关：总供电开关，带漏电保护，闭合后设备接入电源。

9——通信接口 RS-485：计算机通信接口。

10——保护接地端子。

11——电源插座。

【小结】

装表接电的主要任务是电能计量装置的安装验收、电能表周期轮换及电能计量装置现场维护、故障处理等。

电能表与其配合使用的测量互感器、二次回路及计量柜（屏、箱）所组成的整体称为电能计量装置。包括电能表、计量用互感器（电流互感器和电压互感器）、电能表与互感器之间的连接线（二次线）、计量柜（屏、箱）四部分。

装表接电工在日常安装和维修工作中离不开电工工具，掌握常用电工工具的性能和正确的方法，对提高工作效率和安全生产具有重要意义。

电能计量装置导线的选择主要技术依据是 DL/T 825—2002《电能计量装置安装接线规则》和导线的安全载流量技术指标。

各项准备工作和设备认知是实训操作顺利进行的重要保证。

【练习题】

1. 装表接电工作的主要任务和工作范围是什么？

2. 装表接电前客户应具备的条件有哪些？

3. 什么是电能计量装置？包括哪几部分？

4. 互感器的作用是什么？

5. 减少电压互感器二次回路压降的常用方法有哪些？

6. 现场使用电工工具的一般性规定有哪些？

7. 确定导线型号时要注意哪几方面？

装表接电基础知识

国家电网公司
STATE GRID
CORPORATION OF CHINA

学习情境二

0.4kV 电能计量装置柜后接线实训

【学习情境描述】

0.4kV 电能计量装置柜后接线实训学习情境分为试验接线盒结构及工作原理、电压二次回路接线、电流互感器基础知识、电流互感器二次回路接线四部分内容。

【教学目标】

1. 掌握试验接线盒结构及在三种状态下的工作原理；
2. 掌握电压二次回路接线步骤及工艺要求；
3. 掌握电流互感器相关基础知识；
4. 掌握电流二次回路接线步骤及工艺要求；
5. 掌握 0.4kV 电能计量装置柜后接线的原理，能够正确、规范的完成接线。

任务一　试验接线盒结构及工作原理

【任务描述】

通过认知试验接线盒的结构，掌握电压、电流端子的结构特点及连片的作用，掌握试验接线盒在计量、试验及换表三种状态时的工作原理。

一、试验接线盒结构

试验接线盒电流端子、电压端子结构如图 2-1 和图 2-2 所示，共由 7 组端子组成。其中电流端子 3 组，每组上下各有 3 个接线孔，上下对应的 1 对孔为 1 个金属导体的两端，共有 3 个金属导体竖直排列，左右之间是断开的，金属导体之间的导通和断开通过试验接线盒正面的连片实现；电压端子

4组，每组上方是1个金属导体并有3个接线孔，下方是1个金属导体并有1个接线孔，上下之间是断开的，金属导体之间的导通和断开通过试验接线盒正面的连片实现。1组电压端钮和1组电流端钮组成1个单元，分别对应U相、V相和W相。最后的1组端钮接入接出的是零线。

图2-1　试验接线盒电流端子

（a）试验接线盒正面；（b）试验接线盒背面

图2-2　试验接线盒电压端子

（a）试验接线盒正面；（b）试验接线盒背面

二、试验接线盒三种工作状态

在工作中之所以引入试验接线盒，是因为它能够满足三种工作状态的需要。下面以U相（三相三线电能表）为例进行说明。

1. 试验接线盒计量状态

试验接线盒计量状态如图2-3所示，这种状态的关键是：电压连片导通，电流连片1、2之间导通，2、3之间断开。在这种状态下，电流由试验接线盒下方的第二个端子流入，通过1、2之间的连片从上方第一个端子流出，经电能表计量元件后，再从第三个端子流回到互感器二次侧。而电压通过连片从上方第一个端子接入到电能表计量元件。

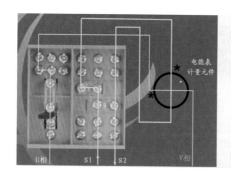

图2-3　试验接线盒计量状态

2. 试验接线盒试验状态

试验接线盒试验状态如图2-4所示，在现实工作中，需要使用标准表定期对电能表进行现场校验，检测它的误差。这种状态的关键是：电压连片导通，电流连片12之间断开，23之间断开。在这种状态下，电流由试验接线盒下方的第二个端子流入，从上方第二个端子流出，首先通过标准表，然后经试验接线盒下方第一个端子和上方第一个端子流出，其次通过被试表，最后从试验接线盒上下第三个端子流回到互感器二次侧。而电压通过连片从上方第一个端子和第三个端子分别接入到被试表和标准表中。这样标准表和被试表就接入了相同的电流和电压，可实现误差的检测。

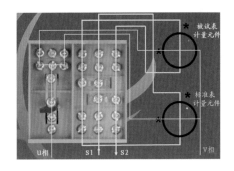

图 2-4　试验接线盒试验状态

3. 试验接线盒换表状态

试验接线盒换表状态如图 2-5 所示，在现实工作中，如果客户的计量装置出现故障或需要周期换表，就需要更换客户的计量装置。在更换时，为保证供电可靠性，不能轻易对客户停电，这就要求做到带电换表。这种状态的关键是：电压连片断开，电流连片 2、3 导通。在这种状态下，由于电流连片 2、3 导通，所以电流由试验接线盒下方第二端子经 2、3 连片到下方第三端子流回互感器二次侧，没有经过电能表。电压连片因为断开，所以也没有电压接入电能表。此时，就可以进行换表工作了。

注意：换表过程中，电流互感器二次侧不能开路。

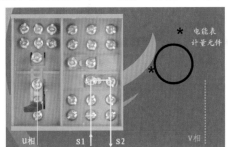

图 2-5　试验接线盒换表状态

由此可以看出，如果没有试验接线盒，就无法完成现场校验工作。

注意：连片的位置决定回路的通断。

任务二　电压二次回路接线

【任务描述】

本模块学习合理选取、整理电压线，掌握电压二次回路标号的原则，并制作相应标号，能够正确、规范完成 0.4kV 电能计量装置电压二次回路接线。

一、选取、整理电压二次回路导线

DL/T 825—2002《电能计量装置安装接线规则》中要求：电压互感器二次回路导线截面积应根据导线压降不超过允许值进行选择，但其最小截面积不得小于 2.5mm²。

1. 选取电压线及零线

选取截面积为 2.5mm² 的黄、绿、红和黑色多股软铜线各 1 根，如图 2-6 所示，分别为 U、V、W 相电压二次回路导线和零线，检查导线绝缘皮有无破损现象，若有破损现象应更换导线。

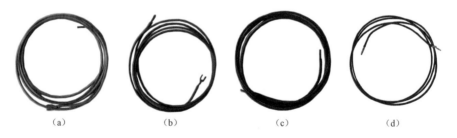

图 2-6　电压二次回路导线和零线

(a) U 相电压二次回路导线；(b) V 相电压二次回路导线；

(c) W 相电压二次回路导线；(d) 零线

2. 整理电压线

因为多股软铜线为反复利用，为保证接线规范、美观，需要进行整理。

导线镀锡端金属长度应为 2cm，如图 2-7 所示。

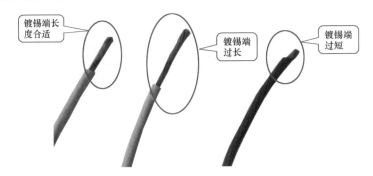

镀锡端长度合适

镀锡端过长

镀锡端过短

图 2-7　导线镀锡短金属长度应合适

　　若镀锡端金属过长（过长会导致导线与试验接线盒相连时金属外露），可用脚踩住线鼻一端，用螺丝刀将导线拉直，如图 2-8 所示。

（a）　　　　　　　　　　　　　（b）

图 2-8　导线镀锡端金属长度过长的处理方法

(a) 脚踩住线夹一端；(b) 用螺丝刀将导线拉直

　　注意：在将导线拉直过程中，为保证安全，螺丝刀应在身体外侧。

　　若镀锡端金属部分过短（过短会导致导线与试验接线盒相连时螺钉压到

导线绝缘皮），可用右手拿尖嘴钳夹住焊锡部分，左手慢慢推绝缘皮，直至焊锡长度达到2cm，如图2-9所示。

（a） （b） （c） （d）

图2-9　导线镀锡端金属长度过短的处理方法

（a）镀锡端金属部分过短；（b）右手拿尖嘴钳夹住焊锡部分；

（c）左手慢慢推绝缘皮；（d）至焊锡长度达到2cm

二、电压二次回路标号

1. 二次回路标号的意义

对二次回路导线进行标号是为了便于查线，保证接线的正确性。

2. 电压二次回路标号原则

（1）电压二次回路标号。电压回路：U611～691、V611～691、W611～691、N611、U711～791、V711～791、W711～791、N711。

（2）计量回路编号规则如下：

3. 标号制作

将白色套管剪成每段 1.5cm 长，选取 8 段，将 8 段分成 4 组，每组 2 段。4 组标号分别为 U611、V611、W611、N611，如图 2-10 所示。

图 2-10　电压二次回路标号

4. 将白色套管套入电压线

分别将 U611、V611、W611、N611 的 2 根套管套在黄、绿、红、黑色导线的两端，如图 2-11 所示。

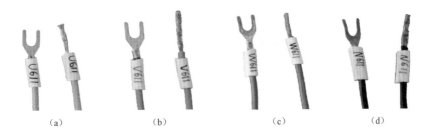

(a)　　　　　(b)　　　　　(c)　　　　　(d)

图 2-11　套管套入相应电压线和零线两端

(a) U611 相；(b)、V611 相；(c) W611 相；(d) N611

注意：套管书写要规范、套在导线上的位置要正确，字母在靠近接线端子一端。

三、电压二次回路接线

1. 固定导线线鼻

将黄、绿、红、黑色导线线鼻一端安装在对应颜色母排电压连片上，如图 2-12 所示。

保证线鼻两面各有 1 个垫片，如图 2-13 所示。

图2-12　将导线线鼻固定在母排电压连片上

图2-13　保证线鼻两面各有1个垫片

保证接触良好，用扳手将电压连片螺栓拧紧，如图2-14（a）所示，图2-14（b）、图2-14（c）为扳手的错误使用方法。

2. 固定导线

短扎带用于将导线扎在一起，长扎带用于将导线固定在柜内横向架子上。

在U相电压线弯折处用长扎带将其固定在横向架子上，弯折处与线鼻接头处留有适当的裕度，如图2-15所示。同样，V相、W相电压线及零线弯折处与线鼻接头处也要留有适当的裕度。目的是如果线鼻损坏，可通过更换线鼻将导线重新接好，而不必更换导线，同时可防止导线受力变形。

（a）

（b）   （c）

图 2-14　用扳手将电压连片螺栓拧紧

（a）扳手的正确使用方法；（b）、（c）扳手的错误使用方法

图 2-15　在 U 相电压线弯折处将导线固定

0.4kV电能计量装置柜后接线实训

在 U、V 相电压线交汇处用短扎带将其捆扎在一起，在适当位置用长扎带将 U、V 相电压线固定在横向架子上，如图 2-16 所示。

图 2-16 在 U、V 相电压线交汇处用短扎带将其捆扎并固定

在 U、V、W 相电压线交汇处用短扎带将其捆扎在一起，在适当位置用长扎带将 U、V、W 相电压线固定在横向架子上，如图 2-17 所示。

在 U、V、W 相电压线和零线交汇处用短扎带将其捆扎在一起，在适当位置用长扎带将 U、V、W 相电压线和零线固定在横向架子上，如图 2-18 所示。

图 2-17 在 U、V、W 相电压线交汇处用短扎带将其捆扎并固定

图 2-18 在 U、V、W 相电压线和零线交汇处用短扎带将其捆扎并固定

用短扎带将 U、V、W 相电压线和零线扎成截面为方形的一捆线，如图

2-19所示。

在扎线过程中要保证导线不出现交叉现象，且扎带要用力扎紧，扎带之间距离应为8cm左右（距离大于8cm影响工艺美观，距离过小则消耗不必要的时间和材料），如图2-20所示。

图2-19　将4根导线扎成截面　　　图2-20　扎带之间距离
　　　　　为方形的一捆线　　　　　　　　　为8cm左右

在导线弯折处增加扎带，提高扎带密度，以保证导线不变形，整体布局合理、美观，如图2-21所示。

图2-21　在导线弯折处增加扎带

按从上向下的顺序用长扎带将这一捆线固定在柜体内竖直架子上，固定过程中要不断调整4根导线，保证导线截面为方形，且没有相互交叉，长扎带之间距离应为15cm左右，如图2-22所示。

0.4kV电能计量装置柜后接线实训

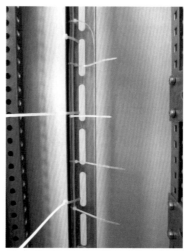

图 2 - 22　用长扎带将导线固定在竖向架子上

注意：保证四种颜色的导线合理布局、整齐美观。

任务三　电流互感器基础知识

【任务描述】

本模块主要学习电流互感器工作基本原理，认知其端子标志和电气符号；掌握主要技术参数、极性、变比和倍率等知识；学习电流互感器的接线方式，以及使用过程中注意事项。

一、电流互感器概述

1. 工作原理

电流互感器的原理接线如图 2 - 23 所示。

电流互感器主要由一次绕组、二次绕组及铁芯组成。当一次绕组中通过电流 I_1 时，在铁芯上会存在一次磁动势 $I_1 N_1$（N_1 为一次绕组的匝数）。根据电磁感应和磁动势平衡的原理，在二次绕组中就会产生感应电流 I_2，并以二次

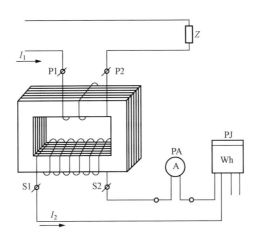

图 2-23　电流互感器的原理接线图

磁动势 $\dot{I}_2 N_2$（N_2 为二次绕组的匝数）去抵消一次磁动势 $\dot{I}_1 N_1$，在理想情况下，存在下面的磁动势平衡方程式

$$\dot{I}_1 N_1 + \dot{I}_1 N_2 = 0$$

此时的电流互感器不存在误差，所以称之为理想的电流互感器。以上所述，就是电流互感器的基本工作原理。

在实际中，理想的电流互感器是不存在的。因为，要使电磁感应这一能量转换形式持续存在，就必须持续供给铁芯一个励磁磁动势 $\dot{I}_0 N_1$。所以，在实际的电流互感器中，磁动势平衡方程式为

$$\dot{I}_1 N_1 + \dot{I}_2 N_2 = \dot{I}_0 N_1$$

可见，励磁磁动势的存在是电流互感器产生误差的主要原因。

2. 端子标志和电气符号

（1）电流互感器的端子标志如图 2-24 所示。

（2）电流互感器的电气图形符号如图 2-25 所示。

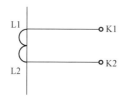

图 2-24　电流互感器的端子标志

图 2-25　电流互感器的电气图形符号

3. 主要技术参数

（1）准确度等级。指电流互感器在规定使用条件下的准确度等级。按照 JJG 313—2010《测量用电流互感器》，电流互感器准确度可分为 0.001、0.002、0.005、0.01、0.02、0.05、0.1、0.2、0.5、1 级。互感器的误差包括比值差和相位差，每一个准确度等级的互感器都对此有明确的要求。

（2）额定电流比。额定一次电流与额定二次电流的比值即为额定电流比，为

$$K_{\mathrm{I}} = \frac{I_{1N}}{I_{2N}} = \frac{N_2}{N_1}$$

与电压互感器不同的是，电流互感器额定电流比与一次匝数成反比，与二次匝数成正比，即与匝数比成反比。

（3）额定一次电流。指作为电流互感器性能基准的一次电流值。根据国家标准 GB 1208—2006《电流互感器》，额定一次电流的标准值如下。

1）单电流比互感器为 10、12.5、15、20、25、30、40、50、60、75A 以及它们的十进位倍数或小数，有下标线的是优选值。

2）多电流比互感器为额定一次电流的最小值，采用 1）中所列的标准值。

（4）额定二次电流。指作为电流互感器性能基准的二次电流值。电力系统常用二次额定电流为 1、5A。1A 规格主要用于高压系统的互感器。

（5）额定负荷和下限负荷。额定负荷是互感器在规定的功率因数和额定负荷下运行时二次所汲取的视在功率（VA），是确定互感器准确度级所依据的负荷值。

二次回路额定负荷输出的视在功率为

$$S_N = I_{2N}^2 Z_N \tag{2-1}$$

根据国家标准 GB 1208—2006《电流互感器》，额定输出的标准值为 2.5、5、10、15、20、25、30、40、50VA。

根据检定规程规定，互感器的二次负荷必须达到 25%～100%额定负荷，方能保证其误差合格，一般情况下，将 25%额定负荷称作下限负荷。

二、电流互感器极性

互感器的极性对电能计量装置的正确运行有着重大影响。目前，我国计量用互感器大多采用减极性连接。

如图 2-26 和图 2-27 所示，如从互感器一次绕组的一个端子与二次绕组的一个端子观察，电流 I_1、I_2 的瞬时方向是相反的，也就是一次瞬时电流流入互感器时，二次瞬时电流从互感器流出，这样的极性关系就称为减极性。凡符合减极性特性的一、二次侧端钮为同极性端。

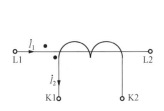

图 2-26　电流互感器

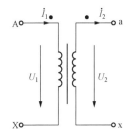

图 2-27　电压互感器

下面介绍互感器极性的标志和同极性端。

（1）单电流比电流互感器，二次绕组首端标示为 L1，末端为 L2，二次绕组首端为 K1，末端为 K2，K1 和 L1、L2 和 K2 为同极性端，如图 2-28 所示。

减极性的电流互感器，当一次电流从 L1 端流入时，二次电流 K1 流出；反之，当一次电流从 L2 端流入，二次电流从 K2 流出。

（2）当多量限一次绕组带有抽头时，首端为 L1，以后依次为 L2、L3

等；二次绕组带有抽头时，首端为 K1，以后依次为 K2、K3 等。如图 2-29 所示。

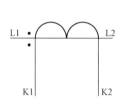

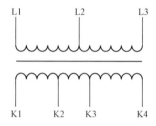

图 2-28　单电流比电流互感器　　图 2-29　多抽头电流互感器

（3）对于具有多个二次绕组的电流互感器，两个绕组分别绕在各自的铁芯上，应分别在各个二次绕组的出线端标志 K 前加注数字，如 1K1、1K2、2K1、2K2 等，如图 2-30 所示。

（4）对于一次绕组分为两段，可串联或并联后改变电流比的电流互感器，一次绕组的首端标注 L1，中间出线端子标注 C1、C2，出线端仍标注 L2，二次绕组两段分别标注 K1、K2，如图 2-31 所示。

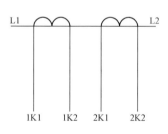

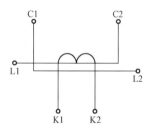

图 2-30　多个二次绕组　　　图 2-31　一次绕组分为两段
　　　电流互感器　　　　　　　　的电流互感器

三、互感器变比和倍率

互感器的变比在铭牌上有明确的标示，但对于穿芯式单相低压电流互感器，其变比随着穿芯的匝数而发生变化。从电流互感器的原理知道，一次侧和二次侧安匝数是相等的，即

$$n_1 I_1 = n_2 I_2$$

则

$$\frac{I_1}{I_2} = \frac{n_2}{n_1}$$

由于额定二次电流和 n_2 是不变的，当 n_1 每增加一倍时，I_1 减小一倍，则穿芯匝数越多，变比越小。

【例 2-1】 1 只穿芯 1 匝的电流互感器变比为 $600/5$，当穿芯 2 匝时，变比变为 $300/5$；穿芯三匝时，变比为 $200/5$；穿芯四匝时变比为 $150/5$，穿芯五匝时，变比为 $120/5$。

在使用时，电流互感器额定一次电流的确定，应保证其在正常运作中的实际负荷电流达到额定值的 60% 左右，至少应不小于 30%，否则应选用高动热稳定电流互感器以减小变化。

在选用电压互感器时，其额定电压 U_N 不宜大于系统电压 U_X 的 110%，不小于 U_X 的 90%，即

$$0.9 U_X \leqslant U_N \leqslant 1.1 U_X$$

倍率是指二次侧表计读数换算为一次侧读数时应乘的系数。对于电能表来说，因其测量值为电压与电流的乘积，故其倍率 K 应为电流比和电压比的乘积，即

$$K = K_I K_U$$

式中 K_I ——电流互感器变比；

  K_U ——电压互感器变化。

当没有电压互感器或电流互感器时，$K_U = 1$ 或 $K_I = 1$。

【例 2-2】 已知电能表抄见电量为 $1.62kWh$，电流互感器变比为 $500/5$，电压互感器变比为 $10000/100$，求电能表的实际结算电量？

解：

$$K_I = \frac{500}{5} = 100$$

$$K_U = \frac{10000}{100} = 100$$

$$K = K_I K_U = 100 \times 100 = 10000$$

实际结算电量为 $1.62×10000＝16200$ （kWh）

四、电流互感器接线方式

1. 两相星形接线

两相星形接线又称不完全星形或 V 形接线，如图 2-32 所示。

两相星形接线由 2 只完全相同的电流互感器构成，根据三相交流电路中三相电流之和为零的原理构成。因为一次电流 $\dot{I}_U+\dot{I}_V+\dot{I}_W=0$,则 $\dot{I}_V=-\dot{I}_U-\dot{I}_W$。所以，二次侧 V 相电流为 $-\dot{I}_V=\dot{I}_U+\dot{I}_W$，即 $\dot{I}_V$ 由公共点沿公共线流向负荷。

这种接线方式的优点是在减少二次电缆芯数的情况下，取得了第三相（一般为 V 相）电流。其缺点是：由于只有 2 只电流互感器，当其中一点相性接反时，公共线中的电流变为其他两相电流的向量差，造成错误计量，且错误接线的几率较高，给现场单相法校验电能表带来困难。两相星形接线主要用于小电流接地的三相三线系统。

2. 三相星形接线

三相星形接线又称为完全星形接线，如图 2-33 所示。

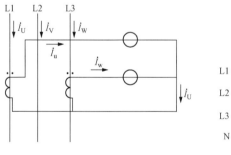

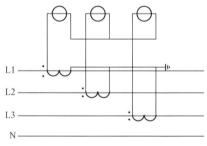

图 2-32　两相星形接线　　　　　　图 2-33　三相星形接线

三相星形接线由 3 只完全相同的电流互感器构成，适用于高电压、大电流接地系统、发电机二次回路、低压三相四线制电路。采用此种接线方式，二次回路的电缆芯数较少。但由于二次绕组流过的电流分别为 $\dot{I}_u$、$\dot{I}_v$、$\dot{I}_w$，当三相负荷不平衡时，公共线中有电流 $\dot{I}_n$ 流过。此时，若公共线断开就会产生计量误差。因此，公共线不允许开路。

3．分相接线

图 2-34 所示为用于三相三线系统的分相接线。

在三相四线系统中也可采用类似的分相接线，采用分相接线虽然会增加二次回路的电缆芯数，但可减少错误接线的几率，提高测量的可靠性和准确度，并给现场检验电能表和检查错误带来方

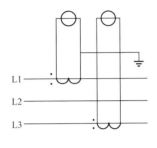

图 2-34　分相接线

便，是接线的首选方式。在 DL/T 447—2000《电能计量装置技术管理规程》中将这种接线方式列为标准接线方式。

五、电流互感器使用注意事项

（1）正确接线，注意极性。使一次绕组电流从 P1 流入、P2 流出，二次绕组电流从 S1 流出，经电能表的电流回路流回到 S2。即遵守"串联原则"和"减极性原则"：一次绕组与被测电流串联，二次绕组和所有仪表的电流回路串联。通常在互感器上都有接线标志牌，它标明了各端子的接线方法，要注意识别和遵守。

在电能表和互感器连接时还要注意同极性端，同极性端常以符号"·"或"＊"或字母表示。电流互感器的 P1（L1）与 S1（K1）均为同极性端，连接时同极性端要对应，否则可能导致电能表反转。

（2）运行中的电流互感器二次侧不允许开路；如果需要校验或更换电流互感器二次回路中的测量仪表时，应使用短接导线或短接铜片将电流互感器二次接线端子短接。

运行中电流互感器二次绕组开路的后果：二次出现峰值高压（可达数千伏），危及工作人员和测量设备的安全；互感器磁通密度增大，增加铁芯损耗、损坏铁芯和绕组，互感器出现过热，损坏互感器绝缘并可能烧坏互感器；

铁芯中产生剩磁严重，影响互感器的准确度，使计量误差增加。

（3）运行中的电流互感器二次侧应与铁芯和外壳一同可靠接地，以防止一、二次绕组之间绝缘击穿危及人身和设备的安全。但是，在电流互感器的二次回路的一端与其二次回路的相线相连（简称二次带电压接法）时二次侧不能接地；低压电流互感器二次侧可以不接地。

电流互感器的保护只能一点接地。

（4）二次实际负荷不要超过其二次额定负荷（伏安数或欧姆值）；否则电流互感器的准确度将降低，甚至会导致电流互感器过负荷烧坏。

（5）电流互感器的额定电压应与系统电压相适应。

（6）使用前应进行检定。只有通过了检定并合格的电流互感器，才能保证运行时的安全性、准确性、正确性。

另外，同一组的电流互感器一般采用制造厂家、型号、额定变比、准确度等级、二次容量均相同的互感器。

任务四　电流互感器二次回路接线

【任务描述】

合理选取、整理电流线，掌握电流二次回路标号的原则，并制作相应标号，能够正确、规范完成 0.4kV 电能计量装置电流互感器二次回路接线。

一、低压电流互感器端子认知

开始接线之前，首先要认知、识别低压电流互感器一次、二次端子的标志，以免极性接反。如果电流互感器一次进线端为 P1，出线端为 P2，如图 2-35所示；那么二次出线端为 S1，进线端为 S2，如图 2-36 所示。即当一次电流从 P1 流入时，二次电流从 S1 流出。

图 2-36 中，S1 为电流互感器二次出线端；S2 为电流互感器二次进

(a)   (b)

图 2-35   低压电流互感器一次端子

(a) 低压电流互感器一次进线端 P1；(a) 低压电流互感器一次出线端 P2

线端。

二、选取、整理电流互感器二次回路导线

DL/T 825—2002《电能计量装置安装接线规则》中要求：电流互感器二次回路导线截面积应根据额定的正常负荷电流进行选择，但其最小截面积不得小于 4mm²。

图 2-36   电流互感器二次端子

1. 选取电流线

选取截面积为 4mm² 的黄、绿、红色多股软铜线各 2 根，如图 2-37 所示，分别作为 U、V、W 相电流互感器二次回路导线，并检查导线绝缘皮有无破损现象。

2. 整理电流线（操作同任务二中整理电压线）

三、电流互感器二次回路标号

1. 电流二次回路标号原则

(1) 电流二次回路标号。

电流回路：U411～499、V411～499、W411～499、U511～599、V511～599、W511～599。

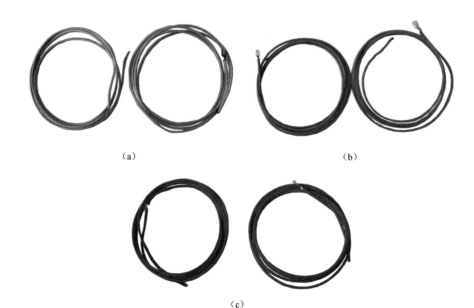

(a)　　　　　　　　　　　　　　(b)

(c)

图 2 - 37　电流二次回路导线

(a) U 相电流互感器二次回路导线；(b) V 相电流互感器二次回路导线；

(c) W 相电流互感器二次回路导线

（2）编号规则如下：

　U　　4　　1　　X

本回路端子序号。电流回路自互感器电流流出端开始，每过一个元件递增一号，至回到互感器止

互感器的组号。1为计量绕组

电流、电压的标号。电流定为4、5

相别的标志。相线定为U、V、W

2. 标号制作

将白色套管剪成每段 1.5cm 长，选取 12 段，分成 6 组，每组 2 段。6 组标号分别为 U411、U416、V411、V416、W411、W416，如图 2 - 38 所示。

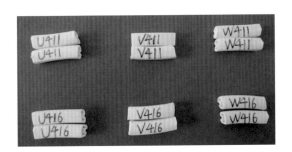

图 2-38　电流二次回路标号

3. 将白色套管套入电流线

　　分别将 U411 和 U416 套管套在黄色电流线的两端，要求每根导线套管标号相同。

　　按照同样方法将 V411、V416、W411、W416 套入相应颜色的导线，如图 2-39 所示。图中 V411 和 V416 对应绿色电流导线，W411 和 W416 对应红色电流导线。

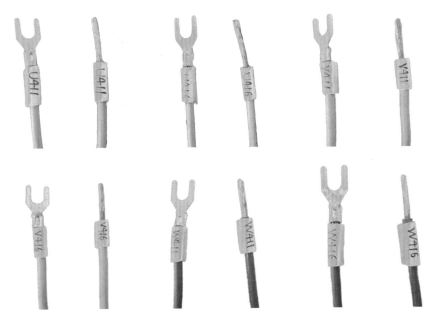

图 2-39　套管套入相应电流线两端

0.4kV电能计量装置柜后接线实训

四、电流互感器二次回路接线

1. 电流互感器二次电流方向确定

电流互感器一次侧 P1 为电流进线端，P2 为出线端；由减极性可知电流互感器二次侧 1S1 为电流出线端，1S2 为电流进线端。

2. 固定导线线夹

将标号为 U411 和 U416 的黄色电流线鼻一端分别安装在 U 相电流互感器二次侧 1S1 和 1S2 端，保证线鼻上下各有 1 个垫片，并将螺母拧紧（U411 对应 1S1，U416 对应 1S2）。

按照同样方法，完成绿色和红色线鼻一端接线，其中 V411 和 V416 的绿色电流线鼻一端分别安装在 V 相电流互感器二次侧 1S1 和 1S2 端；W411 和 W416 的红色电流线鼻一端分别安装在 W 相电流互感器二次侧 1S1 和 1S2 端，如图 2-40 所示。

图 2-40　固定电流线线鼻

在留有一定裕度的基础上弯折 U411 和 U416 电流线，在 U411 和 U416 电流线交汇处用短扎带将其捆扎在一起，并保证 2 根电流线与 U 相母线保持明显距离，在适当位置用长扎带将 U 相电流线固定在横向架子上，如图2-41所示。

在留有一定裕度的基础上弯折 V411 和 V416 电流线，在 V411 和 V416 电流线交汇处用短扎带将其捆扎在一起，并保证 2 根电流线与 V 相母线保持明显距离，如图 2-42 所示。

图 2-41　捆扎 U 相电流线并将其固定

图 2-42　捆扎 V 相电流线并将其固定

　　在 U 相和 V 相电流线交汇处，用短扎带将 4 根导线捆扎扎成截面为方形的一捆线，在扎线过程中不出现交叉现象，保证黄色导线在下层，绿色导线在上层，如图 2-43 所示。

　　在留有一定裕度的基础上弯折 W411 和 W416 电流线，在 W411 和 W416 电流线交汇处用短扎带将其捆扎在一起，并保证 2 根电流线与 W 相母线保持明显距离，如图 2-44 所示。

　　在 U 相、V 相和 W 相电流线交汇处，用短扎带将 6 根导线捆扎成截面为方形的一捆线，在扎线过程中不出现交叉现象，保证黄色导线在下层，绿色导线在中间，红色导线在上层，如图 2-45 所示。

图 2-43　U 相和 V 相电流线布局

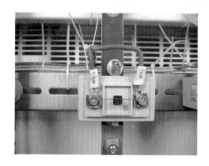 

图 2-44　捆扎 W 相电流线并将其固定

图 2-45　用短扎带将 6 根电流线捆扎成截面为方形的一捆线

继续用短扎带将 U、V、W 相 6 根电流线扎成截面为方形的一捆线，如图 2-46 所示。

扎带之间距离应为 8cm 左右，保证导线不交叉，且扎带要用力扎紧，如图 2-47 所示。

 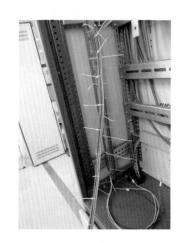

图 2-46 用短扎带捆扎导线，保证导线分层分色   图 2-47 扎带之间距离为 8cm 左右

按从右向左、从上向下的顺序用长扎带将该捆线固定在柜体内架子上，固定过程中要不断调整 6 根导线，保证导线截面为方形，且没有相互交叉，长扎带之间距离应为 15cm 左右，如图 2-48 所示。

在导线弯折处增加扎带，提高捆扎密度，以保证导线不变形，整体布局合理、美观，如图 2-49 所示。

保证三种颜色的导线（6 根导线）合理交叉，布线合理、美观。

五、电压、电流二次回路导线接入试验接线盒

1. 捆扎电压和电流线

用长扎带将电压、电流二次回路导线扎在一起，并进行适当整理，如图 2-50 所示。

 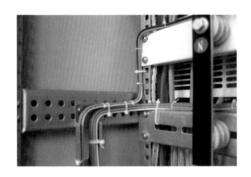

图 2-48　用长扎带将导线　　　　　图 2-49　在导线弯折处增加扎带

　　　　　固定在竖向架子上

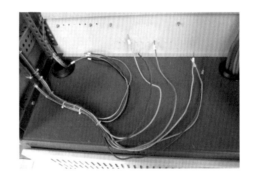

图 2-50　电压和电流线扎在一起

2. 电压线和零线穿入前柜

将 U611 黄色电压线镀锡端套管拿下，将导线从柜后孔 1 穿入到柜前，并将套管套上（从右向左依次为孔 1～10）。

按照同样方法，将 V611 绿色、W611 红色电压线及 N611 黑色零线穿入柜前，如图 2-51 所示。U611 对应孔 1，V611 对应孔 4，W611 对应孔 7，N611 对应孔 10，如图 2-52 所示。

3. 电流线穿入前柜

将 U411 黄色电流线镀锡端套管拿下，将导线从柜后孔 2 穿入到柜前，

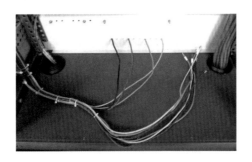

图 2-51　电压线及零线穿入柜前

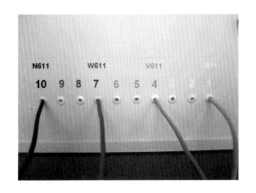

图 2-52　电压线对应的孔号

并将套管套上。将 U416 黄色电流线镀锡端套管拿下，将导线从柜后孔 3 穿入到柜前，并将套管套上。

　　按照同样方法，将 V411 和 V416 绿色、W411 和 W416 红色电流线穿入柜前，如图 2-53 所示。U411 对应孔 2，U416 对应孔 3，V411 对应孔 5，V416 对应孔 6；W411 对应孔 8，W416 对应孔 9，如图 2-54 所示。

　　注意：不可将套管都取下后，再将导线依次穿入柜前，以免造成极性接反。

　　4. 电压线和零线接入试验接线盒

　　分别按顺序将 U611 黄、V611 绿、W611 红色电压线和 N611 黑色零线

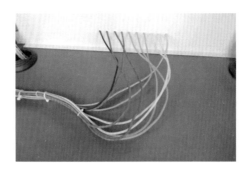

图 2-53　电流线穿入柜前

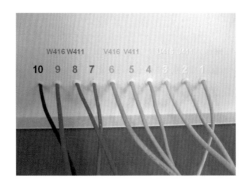

图 2-54　电流线对应的孔号

镀锡端接入到试验接线盒对应的电压端子下方的孔中，如图 2-55 所示。拧紧螺母，保证 2 个螺母都能压到焊锡端，保证金属不外露。

5. 电流线接入试验接线盒

将 U411 和 U416 黄色电流线分别接入试验接线盒 U 相电流端子下方 2、3 号孔。拧紧螺母，保证 2 个螺母都能压到焊锡端，保证金属不外露。

按照同样方法，将绿色、红色电流线接入试验接线盒，如图 2-56 所示。V411 和 V416 分别对应试验接线盒 V 相电流端子下方 2、3 号孔；W411 和 W416 分别对应试验接线盒 W 相电流端子下方 2、3 号孔。

注意：套管标号的字母要在靠近接线端子一端。

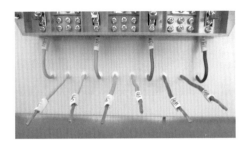

图 2 - 55　电压线和零线接入试验接线盒

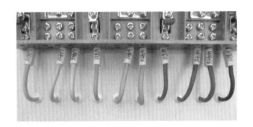

图 2 - 56　电流线接入试验接线盒

0.4kV 电能计量装置柜后接线实物图如图 2 - 57 所示。

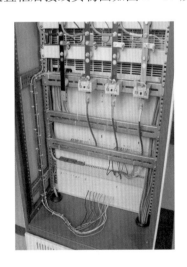

图 2 - 57　0.4kV 电能计量装置柜后接线实物图

【小结】

试验接线盒共由 7 组端子组成，其中电流端子为 3 组，电压端子为 4 组。试验接线盒可实现计量、试验、换表三种状态，关键点是连片的位置。

电压和电流二次回路接线过程中：导线要选择正确，导线镀锡端长度要合适；二次回路标号要规范、清晰；导线固定要牢固，保证线鼻两面各有 1 个垫片；导线布局要合理，不出现交叉现象。长短扎带结合使用，在导线弯折及汇合处增加扎带密度，保证美观；保证导线正确接入试验接线盒。

电流互感器的接线方式有两相星形、三相星形、分相三种方式，采用分相接线虽然会增加二次回路的电缆芯数，但可减少错误接线的几率，提高测量的可靠性和准确度，并给现场检验电能表和检查错误带来方便，是接线方式的首选。

运行中的电流互感器二次侧不允许开路，并应与铁芯和外壳一同可靠接地，以防止一、二次绕组之间绝缘击穿危及人身和设备的安全。

【练习题】

1. 试验接线盒能够实现哪三种工作状态？请分别简述其工作原理。

2. 请画出电流互感器的端子标志和电气符号。

3. 请结合图 2‐26 和图 2‐27，阐述减极性的含义。

4. 倍率的定义是什么？

5. 请画出三相三线系统电流互感器分相连接的原理图，并说明分相接法的优缺点。

6. 运行中的电流互感器二次侧为什么不允许开路？

7. 运行中的电流互感器二次侧为什么要与铁芯和外壳一同可靠接地？

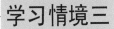

0.4kV 电能计量装置柜前接线实训

【学习情景描述】

0.4kV 电能计量装置柜前接线实训分为三相四线电能表接线方式、三相四线电能表零线接线、三相四线电能表 U 相接线、三相四线电能表 V 相接线、三相四线电能表 W 相接线五部分内容。

【教学目标】

1. 掌握三相四线电能表接线方式；
2. 掌握三相四线电能表零线接线步骤及工艺要求；
3. 掌握三相四线电能表 U 相接线步骤及工艺要求；
4. 掌握三相四线电能表 V 相接线步骤及工艺要求；
5. 掌握三相四线电能表 W 相接线步骤及工艺要求。

任务一　三相四线电能表接线方式

【任务描述】

本模块通过学习三相四线有功、无功电能表接线方式，掌握正确接线时的相量图；学习三相四线电路中联合接线的前提和典型联合接线图。

一、三相四线有功电能表接线方式

三相电路的功率为

$$P = \dot{U}_U \dot{I}_U + \dot{U}_V \dot{I}_V + \dot{U}_W \dot{I}_W \qquad (3-1)$$

若 $\dot{I}_U + \dot{I}_V + \dot{I}_W = 0$，则 $\dot{I}_V = -\dot{I}_U - \dot{I}_W$

所以

$$P = \dot{U}_U \dot{I}_U + (-\dot{U}_V \dot{I}_U - \dot{U}_V \dot{I}_W) + \dot{U}_W \dot{I}_W$$

$$= (\dot{U}_U - \dot{U}_V)\dot{I}_U + (\dot{U}_W - \dot{U}_V)\dot{I}_W$$

$$= \dot{U}_{UV} \dot{I}_U + \dot{U}_{WV} \dot{I}_W \qquad (3-2)$$

同样，将 $\dot{I}_U = -\dot{I}_V - \dot{I}_W$ 代入式（3-1）可得

$$P = \dot{U}_{VU} \dot{I}_V + \dot{U}_{WU} \dot{I}_W \qquad (3-3)$$

将 $\dot{I}_W = -\dot{I}_U - \dot{I}_V$ 代入式（3-1）可得

$$P = \dot{U}_{UW} \dot{I}_U + \dot{U}_{VW} \dot{I}_V \qquad (3-4)$$

由式（3-1）～式（3-4）可知，当 $\dot{I}_U + \dot{I}_V + \dot{I}_W = 0$ 时，只需利用两相电流，采用三相三线接线方式就能准确计量三相电能。但若存在中性线回路或中性点接地，则 $\dot{I}_U + \dot{I}_V + \dot{I}_W = \dot{I}_N$ 一般不等于 0，这时 $\dot{I}_V = -\dot{I}_U - \dot{I}_W + \dot{I}_N$，则

$$P = \dot{U}_U \dot{I}_U + \dot{U}_V \dot{I}_V + \dot{U}_W \dot{I}_W$$

$$= (\dot{U}_U - \dot{U}_V)\dot{I}_U + (\dot{U}_W - \dot{U}_V)\dot{I}_W + \dot{U}_V \dot{I}_N$$

$$= \dot{U}_{UV} \dot{I}_U + \dot{U}_{WV} \dot{I}_W + \dot{U}_V \dot{I}_N \qquad (3-5)$$

这时若采用三相三线计量，则存在一个 $\dot{U}_V \dot{I}_N$ 的误差。很显然，这时必须根据式（3-5），采用三相四线的计量方式才能准确计量有功电能。

下面介绍三相四线有功电能表的接线方式。

1. 直接接入式

图 3-1 所示是三元件三相四线有功电能表的标准接线方式。电流 I_U、I_V、I_W 分别通过元件 1、元件 2、元件 3 的电流线圈，电压 U_U、U_V、U_W 并接于元件 1、元件 2、元件 3 的电压线圈上。这种接线方式，适用于中性点直接接地的三相四线电路有功电能的计量，不论三相电压、电流是否对称，均能准确计量。

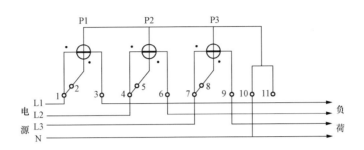

图 3-1 三元件三相四线有功电能表的标准接线方式

图 3-1 所示的三元件三相四线有功电能表的接线端子共有 11 个，其中 1、4、7 是进线，用来连接电源的 L1、L2、L3 三根相线；3、6、9 是出线，三根相线从这里引出后，分别接到出线总开关的三个进线桩头上；10、11 是中性线的进线和出线，是用来连接中性线的；2、5、8 是连接电压线圈的端子，在直接接入式电能表的接线盒内有 3 块连片，分别连接 1 与 2、4 及 5、7 与 8。因此 2、5、8 不需另行接线，但 3 块连片不可拆下，并应连接可靠。

2. 经互感器接入式

三相四线有功电能表经互感器接入时，可分为电压、电流线共用方式与分开方式两种。图 3-2 所示为经电流互感器接入的电压、电流线共用接线方式。图 3-3 所示为经电流互感器接入的电压、电流线分开接线方式。

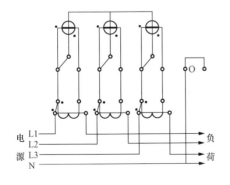

图 3-2 电压、电流线共同接线方式

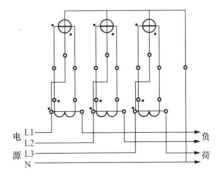

图 3-3 电压、电流线分开接线方式

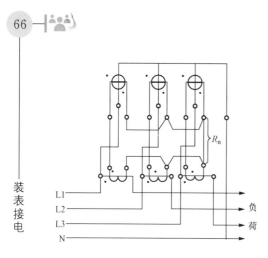

图 3-4 星形接线时的分开接线方式

图 3-4 所示是三相四线有功电能表经三个电流互感器接成星形时的电压、电流线分开接线方式。采用这种接线方式时应注意：当二次电流回路中性线电阻 R_n 较大，并且三相电流差别也较大时，就会使电流互感器误差较大，从而导致计量不准确；当 $R_n \approx 0$ 时，即便三相电流差较大，也不会导致电流互感器误差增大，所以仍能保证计量精度。

图 3-5 是三相四线有功电能表经 YNyn 接线的电压互感器和三个电流互感器，计量中性点直接接地的高压三相系统有功电能表的接线。这种接线因为不受流动中性点电流 I_N 的影响，所以能正确计量中性点直接接地的高压三相系统的有功电能。如果采用三相三线有功电能表，由于存在 I_N 的影响，则三相三线有功电能表就产生计量误差，对于高压三相输电线路的大容量电

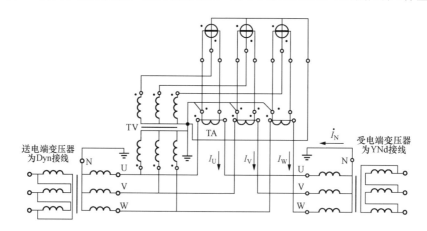

图 3-5 计量中性点直接接地三相系统有功电能表的接线图

网，这个误差能达到不可忽视的程度。因此，在中性点直接接地的高压三相系统中，对三相有功电能计量，必须采用三相四线有功电能表，且按图 3-5 所示的接线方式，才能保证计量准确。

3. 正确接线的相量图

从图 3-1～图 3-4 可知，三元件三相四线有功电能表不论采用哪一种接线方式，电能表的接线都与图 3-1 所示的标准接线方式相同，其相量图如图 3-6 所示。

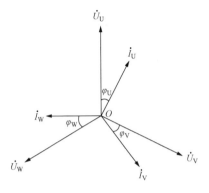

图 3-6　三相四线有功电能表
在感性负荷时的相量图

从相量图可看出，三相四线有功电能表在感性负荷时，元件 1 电压 $\dot{U}_U$ 与电流 $\dot{I}_U$ 夹角为 φ_U，元件 2 电压 $\dot{U}_V$ 与电流 $\dot{I}_V$ 夹角为 φ_V，元件 3 电压 $\dot{U}_W$ 与电流 $\dot{I}_W$ 夹角为 φ_W，因此，三相四线有功电能表的功率为

$$P = U_U I_U \cos\varphi_U$$
$$P = U_V I_V \cos\varphi_V$$
$$P = U_W I_W \cos\varphi_W$$

计量的总功率为

$$P = P_1 + P_2 + P_3$$
$$= U_U I_U \cos\varphi_U + U_V I_V \cos\varphi_V + U_W I_W \cos\varphi_W$$

因此，三相四线有功电能表不论三相电压、电流是否平衡，均能正常计量电能。当三相功率对称时，$U_U = U_V = U_W = U_{ph}$，$I_U = I_V = I_W = I_{ph}$，则上式可写成

$$P = 3U_{ph} I_{ph} \cos\varphi$$

采用上述接线方式时应注意：

（1）应按正相序（U、V、W）接线。反相序（W、V、U）接线时，有

功电能表虽然不反转，但由于电能表的结构和检定时误差的调整，都是在正相序条件下确定的，若反相序运行，将产生相序附加误差。

（2）电源中性线（N线）与L1、L2、L3三根相线不能接错位置。若接错了，不但错计电能，还会使其中两个元件的电压线圈承受线电压（$\sqrt{3}$倍相电压），可能导致电压线圈烧坏。同时电源中性线与电能表电压线圈中性点应连接可靠，接触良好。否则，会因为线路电压不平衡而使中性点有电压，造成某相电压过高，导致电能表产生空转或计量不准。

（3）当采用经互感器接入方式时，各元件的电压和电流应为同相，互感器极性不能接错，否则电能表计量不准，甚至反转。当为高压计量时，电压互感器二次侧中性点必须可靠接地。

二、三相四线无功电能表接线方式

为了促进用户提高功率因数，我国现行的电价政策规定，对大容量电力用户实行"按力率调整电费"的办法。即不但要考核用户的用电量（有功电能），还要考核它的加权平均力率。当用户的功率因数高于某一规定值时，就适当地减收电费；当用户的功率因数低于这一数值时，就要加收电费，功率因数越低，加收的比例就越大，以期用经济手段促使用户提高功率因数。

为了准确考核用户的加权平均力率，给力率调整电费提供可靠依据，电力部门对大容量用户在安装有功电能表的同时，也往往要安装无功电能表。

另外，电力系统本身为了提高功率因数，通常在变电站、发电厂装有调相机，或者将发电机作调相运行。此时，也必须装设无功电能表来考核发出的无功电能量。

（1）跨相90°型无功电能表。因为此种电能表的接线方法是每组元件的电压线圈，分别跨接在滞后相应电流线圈所接相相电压90°的线电压上，所以称之为跨相90°接线。图3-7为90°型三相四线无功电能表的标准接线图。

图3-7所示线路图中，第一元件取 U 相电流，该元件电压线圈取线电

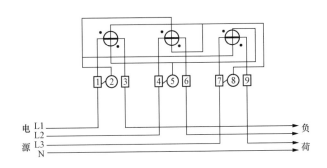

图 3-7　90°型三相四线无功电能表标准接线图

压 $\dot{U}_{VW}$；第二元件取 V 相电流，则该元件电压线圈取线电压 $\dot{U}_{WU}$；第三元件取 W 相电流，则该元件电压线圈取线电压 $\dot{U}_{UV}$。按上述跨相 90°原则接线，之所以能够测量三相电路无功电能，可用图 3-8 所示相量图加以证明。

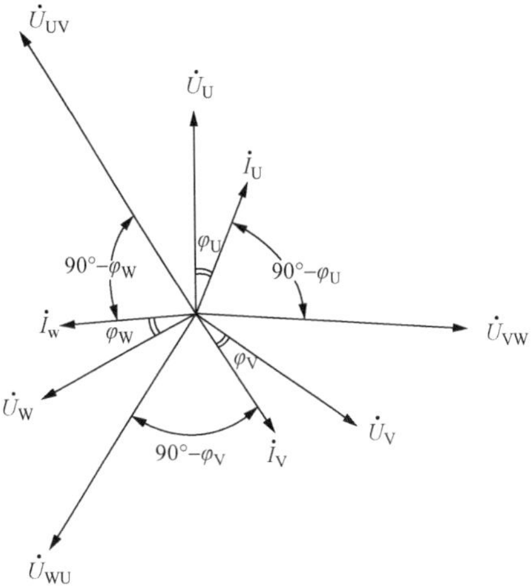

图中各元件计量的有功功率分别为

$$P'_1 = U_{VW} I_U \cos(90° - \varphi_U)$$
$$= U_{VW} I_U \sin\varphi_U$$
$$P'_2 = U_{WU} I_V \cos(90° - \varphi_V)$$
$$= U_{WU} I_V \sin\varphi_V$$
$$P'_3 = U_{UV} I_W \cos(90° - \varphi_W)$$
$$= U_{UV} I_W \sin\varphi_W$$

图 3-8　跨相 90°型三相四线
无功电能表相量图

$$P' = P'_1 + P'_2 + P'_3 = U_{VW} I_U \sin\varphi_U + U_{WU} I_V \sin\varphi_V + U_{UV} I_W \sin\varphi_W$$

若三相电压及负荷电流对称，则

$$U_{UV} = U_{VW} = U_{WV} = \sqrt{3} U_{ph}$$
$$I_U = I_V = I_W = I_{ph}$$
$$\varphi_U = \varphi_V = \varphi_W = \varphi$$

$$P' = 3\sqrt{3}U_{ph}I_{ph}\sin\varphi = Q$$

被测电路的三相无功功率为 $Q = 3U_{ph}I_{ph}\sin\varphi$，而该电能表计量的无功功率比被测电路的无功功率大 $\sqrt{3}$ 倍，这只需在仪表的参数设计上加以调整即可。这样无功电能表所示的电能量即为实际消耗的无功电能量。

图 3-9 所示为经电流互感器接入式接线图。图 3-10 所示为经电流互感器及 Yyn 连接的电压互感器接入式接线图。

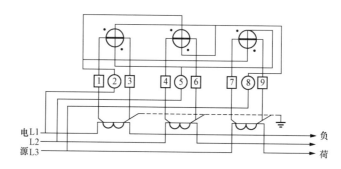

图 3-9 三相四线无功电能表经电流互感器接入式接线图

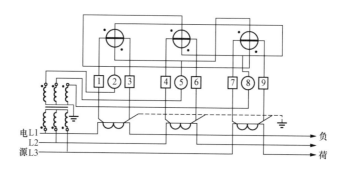

图 3-10 三相四线无功电能表经电流及电压互感器接入式接线图

（2）带附加电流线圈的 90°型无功电能表。这种无功电能表有 2 组电磁驱动元件，且每组元件中的电流线圈都是由匝数相等、绕组相同的两个线圈构成。把通以电流 $\dot{I}_U$（或 I_W）的线圈称为基本电流线圈，通以电流 I_V 的线圈称为附加电流线圈。基本电流线圈和附加电流在电流铁芯中产生的磁通是相减的。因此，接线时应使电流 $\dot{I}_U$（或 $\dot{I}_W$）从基本电流线圈的标志端流入，$\dot{I}_V$ 则从附加电流线圈的非标志端流入。其接线图与相量图分别如图 3-11、图 3-12所示。

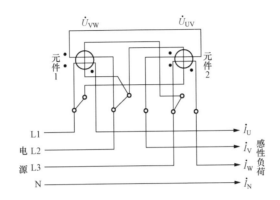

图 3-11　带附加电流线圈的90°型无功电能表接线图

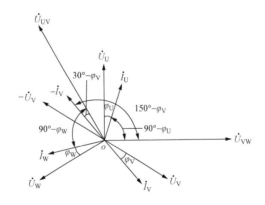

图 3-12　带附加电流线圈的90°型无功电能表相量图

由图 3-12 可知，它的 2 个电压线圈分别跨接于滞后相应电流线圈所接相电压 90°的线电压上。因此，它也属于跨相 90°型三相四线无功电能表。其对三相无功电能的计量原理，可用相量图加以证明。2 组元件计量的有功功率为

$$P'_1 = U_{VW}I_U\cos(90° - \varphi_U) + U_{VW}I_V\cos(150° - \varphi_V)$$

$$= U_{VW}I_U\sin\varphi_U - U_{VW}I_V\cos(30° + \varphi_V)$$

$$P'_2 = U_{UV}I_W\cos(90° - \varphi_W) + U_{UV}I_V\cos(30° - \varphi_V)$$

$$= U_{UV}I_W\sin\varphi_W + U_{UV}I_V\cos(30° - \varphi_V)$$

当三相电压及负荷对称时，$U_{UV} = U_{VW} = \sqrt{3}U_{ph}$，$I_U = I_V = I_W = I_{ph}$，$\varphi_U = \varphi_V = \varphi_W = \varphi$。则总功率为

$$P' = P'_1 + P'_2$$

$$= \sqrt{3}U_{ph}[I_U\sin\varphi_U - I_V\cos(30° + \varphi_V) + I_W\sin\varphi_W + I_V\cos(30° - \varphi_V)]$$

$$= \sqrt{3}U_{ph}(I_U\sin\varphi_U + I_V\sin\varphi_V + I_W\sin\varphi_W)$$

$$= \sqrt{3}(U_{ph}I_U\sin\varphi_U + U_{ph}I_V\sin\varphi_V + U_{ph}I_W\sin\varphi_W)$$

$$= 3\sqrt{3}U_{ph}I_{ph}\sin\varphi = Q$$

可见，计量的有功功率即计度器的示值为被测电路无功功率的 $\sqrt{3}$ 倍。由于设计电能表时已经在电流线圈的匝数中减少至 $\sqrt{3}$ 倍（即已将 $\sqrt{3}$ 扣除在表内），所以计度器的读数就是无功电量。

该型电能表不仅可以正确计量三相四线电路的无功电能，也可以正确计量三相三线电路的无功电能。跨相 90°型三相无功电能表，只在完全对称或简单不对称的三相四线电路和三相三线电路中才能实现准确计量，否则会产生附加误差。

图 3-13 所示是带附加电流线圈 90°型无功电能表经电流互感器接入的接线圈；图 3-14 所示为带附加电流线圈 90°型无功电能表经电流、电压互感器接入的接线圈。它们的计量原理与直接接入式相同。

三、三相四线电路中联合接线

1. 联合接线的前提

电能表的联合接线是指在电流互感器或电流、电压互感器二次回路中同

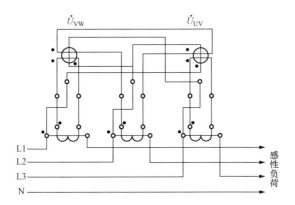

图 3 - 13　带附加电流线圈 90°型无功电能表经电流互感器接入的接线图

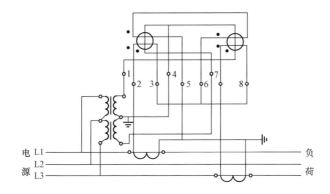

图 3 - 14　带附加电流线圈 90°型无功电能表经电流、电压互感器接入的接线图

时接入有功电能表、无功电能表以及其他有关测量仪表。联合连线应满足下列条件：

（1）电流、电压互感器二次回路的电能计量回路应专用，且回路中不得串接开关辅助触点。

（2）电流、电压互感器二次回路中应装设专用的试验端子，且应先接入试验端子后接入电能表，以便试验或检修时不影响正常计量。

（3）电流、电压互感器应有足够的容量与相应的精度，以保证电能计量的准确度。

2. 联合接线应遵守的基本规则

（1）电流、电压互感器二次回路应可靠接地，且接地点应在互感器二次端子至试验端子之间，但低压电流互感器二次回路可不接地。

（2）各电能表的电压线圈应并联，电流线圈应串联。

（3）电压互感器应接在电流互感器的电源侧。

（4）电压互感器和电流互感器应装于变压器的同一侧，而不应分别装于变压器的两侧。

（5）非并列运行的线路，不许共同一个电压互感器。

（6）电压、电流互感器二次回路导线应采用单股或多股硬铜线，中间不得有接头，导线在转角处应留有足够的长度。

（7）电压、电流二次回路导线颜色，相线 U、V、W 应分别采用黄、绿、红相色线，中性线 N 应采用黑色线。电流回路接线端子相位排列顺序为从左至右或从上至下为 U、V、W、N 或 U、W、N；电压回路排列顺序为 U、V、W。

（8）电压二次回路导线的选择，应保证其 I、II 类的电能计量装置中电压互感器二次回路电压降不大于其二次额定电压的 0.2%；其他电能计量装置中应保证其电压降不大于其额定电压的 0.5%，一般规定导线截面积不应小于 2.5mm^2。

（9）电流互感器二次回路导线，其截面积一般规定不应小于 4mm^2。

（10）连接导线的端子处应有清晰的端子编号和符号。

3. 三相四线电路中典型联合接线图

三相四线电路中典型联合接线图如图 3-15～图 3-25 所示。

0.4kV电能计量装置柜前接线实训

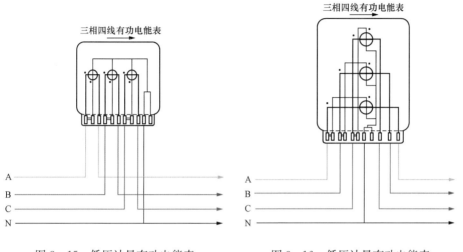

图 3-15　低压计量有功电能表

直接接入式接线图（一）

图 3-16　低压计量有功电能表

直接接入式接线图（二）

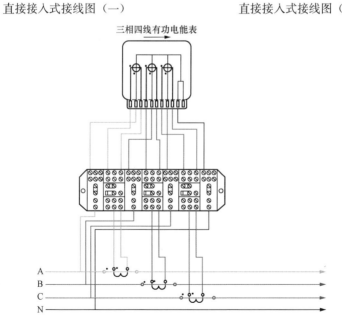

图 3-17　低压计量有功电能表经电流互感器接入式分相接线方式接线图

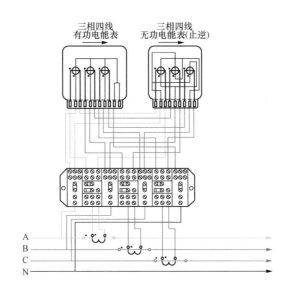

图 3-18　低压计量有功功率及感性无功电能表经电流互感器接入式分相接线方式接线图

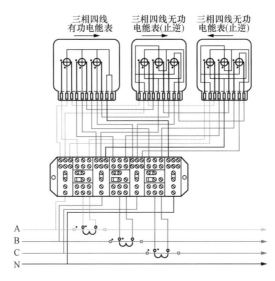

图 3-19　低压计量有功功率及感性、容性无功电能表经

电流互感器接入式分相接线方式接线图

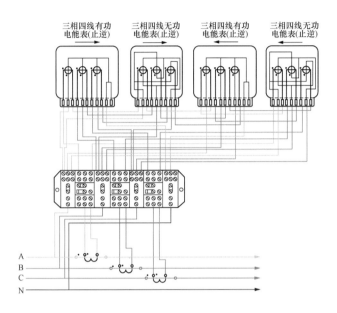

图3-20 低压计量受进、送出电能经电流互感器接入式分相接线方式接线图

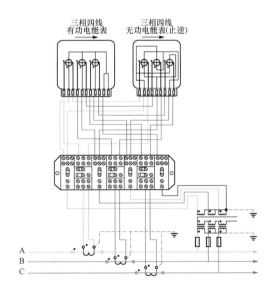

图3-21 3～35kV计量有功功率及感性无功电能电流分相接线方式接线图

0.4kV电能计量装置柜前接线实训

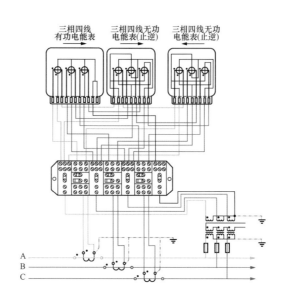

图 3-22 3～35kV 计量有功功率及感性、容性无功电能电流分相接线方式接线图

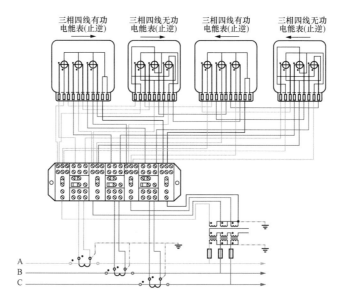

图 3-23 3～35kV 计量受进、送出电能电流分相接线方式接线图

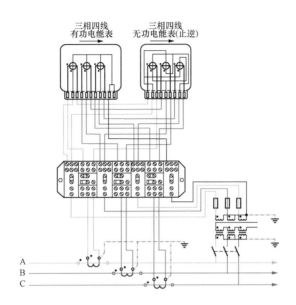

图 3-24　110kV 及以上中性点有效接地系统计量有功功率及感性无功电能接线图

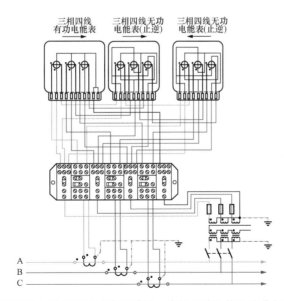

图 3-25　110kV 及以上计量有功功率及感性、容性无功电能电流分相接线方式接线图

任务二 三相四线电能表零线接线

【任务描述】

本模块认知三相四线电能表、采集终表尾计量回路及假表尾端钮结构；学习零线接线步骤、接线技巧及接线过程中需要注意的事项，完成零线的正确、规范接入。

一、三相四线电能表和采集终端表尾计量回路端钮认知

1. 三相四线电能表表尾计量回路端钮

三相四线电能表表尾计量回路端钮如图 3-26 所示。

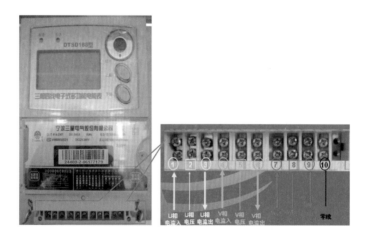

图 3-26 三相四线电能表表尾计量回路端钮

功能介绍：该多功能电能表可计量各个方向的有功、无功电量及需量，并具有单/双通道 RS-485 通信、手动与红外停电唤醒、负荷记录等功能，性能稳定，准确度高，操作方便。

2. 三相四线采集终端计量回路端钮

三相四线采集终端计量回路端钮如图 3-27 所示。

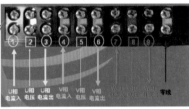

图 3 - 27 三相四线采集终端计量回路端钮

功能介绍：具备控制、状态量采集、模拟量采集、RS - 485 抄表、电能有功及无功输出等功能接口，同时集成了交流采样、谐波测量及电流互感器开路、短路检测等功能。

3. 三相四线电能表假表尾端钮结构

在接线过程中，为保证电能表及采集终端端钮使用寿命，用假表尾代替真正端钮。

假表尾端钮结构如图 3 - 28 所示。

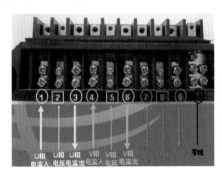

图 3 - 28 三相四线电能表假表尾端钮

由图 3 - 26～图 3 - 28 可以看出，三相四线电子式电能表、三相四线采集终端及电能表假表尾具有相同的表尾端钮标号，每个标号所代表的含义也是相同的。其中，1、3、4、6、7、9 是电流端钮，2、5、8 是电压端钮，123 对应 U 相，456 对应 V 相，789 对应 W 相，10 对应零线。具体如下。

（1）1 号端钮：U 相电流接入；

（2）3 号端钮：U 相电流接出；

（3）4 号端钮：V 相电流接入；

（4）6 号端钮：V 相电流接出；

（5）7 号端钮：W 相电流接入；

（6）9 号端钮：W 相电流接出；

（7）2 号端钮：U 相电压接入；

（8）5 号端钮：V 相电压接入；

（9）8 号端钮：W 相电压接入；

（10）10 号端钮：零线接入。

二、三相四线电能表零线入（第一根线）

（1）选线。零线选取 2.5mm^2 黑色单芯绝缘铜导线，如图 3 - 29 所示。

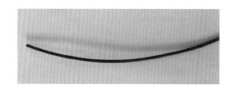

图 3 - 29 零线为 2.5mm^2 黑色单芯绝缘铜导线

选取导线时，要依据导线内径的粗细，通过外径粗细判断导线型号是不准确的，如图 3 - 30 所示。

（2）整理导线（竖直方向）。因为导线是从成盘的导线上截取下来的，所以存在弯曲的情况，为保证接线工艺的美观，应对导线做适当处理。

左手两手指在距离导线一端 20cm 处捏住导线，右手两手指在左手捏住导线处从下往上用力捋线 3～5 次，如图 3 - 31 所示。每次折线前都需将部分

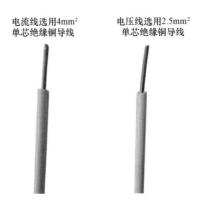

电流线选用4mm² 单芯绝缘铜导线　　电压线选用2.5mm² 单芯绝缘铜导线

图 3-30　依据内径的粗细确定导线

导线捋直，捋直长度不可太长：一是因为线越长，操作难度越大，浪费时间；二是影响操作。所以在每一次折线前，将必要长度的导线捋直就可以了。

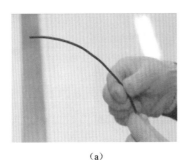
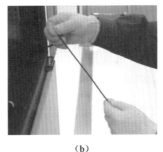

（a）　　　　　　　　　　　　　（b）

图 3-31　整理导线（竖直方向）

（a）左手两指距导线一端 20cm 左右；（b）从下向上捋直导线

注意：捋线过程中不允许用手攥导线，以免导线不直，如图 3-32 所示。

（3）第一次折线。为保证工艺美观，水平方向的导线应位于试验接线盒与假表尾的中间位置。因试验接线盒与假表尾之间的距离为 13cm，如图 3-33所示，所以在距离导线一端大约 10cm（保证比 13cm 的一半多 3cm）处弯折导线，如图 3-34 所示。

折线时左右手的拇指与食指要靠在一起折线（四指折线），其他手指不要用力，以免导线弯曲，如图 3-35 所示。

图 3-32　不允许用手攥导线

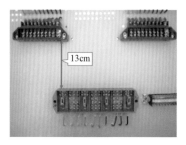

图 3-33　试验接线盒与假表尾之间
的距离为 13cm

图 3-34　折线位置在假表尾与试验接线盒的中间，
且保证长度大约为 10cm

先将导线弯折成锐角，如图 3-36 所示，然后恢复成直角，如图 3-37 所示，这样能够保证工艺美观，如图 3-38 所示。

注意：折线时只能用手，不得使用其他工具，如果用工具折线，容易造成导线绝缘皮的损坏，影响绝缘性，甚至发生短路事故，如图 3-39 所示。

（4）整理导线（水平方向）。重复步骤（2），整理水平方向导线，如图 3-40 所示。

（5）第二次折线。将竖直方向导线与电能表假表尾 10 号端子对齐，如图 3-41 所示。沿导线水平方向在试验接线盒零线端子上方孔 1 位置折线〔折线步骤与（3）相同]，如图 3 - 42 所示。

图 3 - 35　四指折线

图 3 - 36　用四指先将导线折成锐角

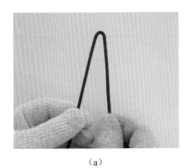

（a）

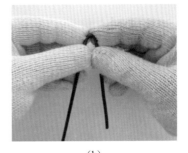

（b）

图 3 - 37　用四指将锐角恢复成直角

（a）错误，手的位置远离折线处；（b）正确，手的位置在折线处

（6）整理导线（竖直方向）并剪断导线。重复步骤（2），并在距离弯折处 10cm处剪断导线，如图 3 - 43 所示。

（7）剥绝缘皮。右手拇指与食指夹住导线弯折处，保证水平方向导线位于试验接线盒与假表尾中间位置，如图 3 - 44 所示。

竖直方向导线与电能表假表尾 10 号端子对齐，如图 3 - 45 所示。

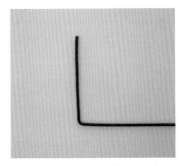

图 3 - 38　最终将导线折成直角

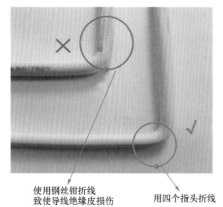

使用钢丝钳折线
致使导线绝缘皮损伤

用四个指头折线

导线绝缘皮破损
引起短路事故烧坏电能表

图 3 - 39　不能使用工具折线

 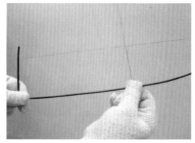

图 3 - 40　整理导线（水平方向）

图 3 - 41　竖直方向导线与电能
表假表尾 10 号端子对齐

图 3 - 42　在试验接线盒零线端
子上方孔 1 位置折线

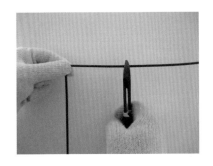

图 3 - 43 在距离弯折
处 10cm 处剪断导线

图 3 - 44 保证水平方向导线位于试验
接线盒与假表尾中间位置

竖直方向导线与电能表假表尾 10 号端子对齐，如图 3 - 45 所示。

图 3 - 45 竖直方向导线与电能表假表尾 10 号端子对齐

在导线与电能表假表尾下沿接触部位，用左手拇指和食指将这一点夹住，如图 3 - 46 所示。

右手拿剥线钳，在距离这一点 2mm 处，选择剥线钳合适孔径剥掉绝缘皮，如图 3 - 47 所示。

注意：剥线钳的孔径要选择恰当，孔径过大，不宜将绝缘皮剥掉；孔径过小，会损伤导线金属。剥线长度要合适，一般为 2cm，如图 3 - 48 所示。

可将导线与假表尾两螺钉比较，判断长度是否合适。要保证两个螺钉都能压到金属部分，且无金属外露，如图 3 - 49 所示。

图3-46 左手拇指和食指在导线与电能表
假表尾下沿接触部位夹住导线

图3-47 在距离左手夹住导线这
一点2mm处，剥掉绝缘皮

图3-48 正确剥掉绝缘皮，
剥线长度为2cm

图3-49 导线与假表尾两螺钉比较，
判断剥线长度是否合适

　　绝缘皮剥的过长容易导致金属外露。金属外露易导致窃电现象的发生，同时还存在安全隐患、工艺不美观，如图3-50所示。

　　绝缘皮剥得过短会导致螺钉压到绝缘皮，接触不良，甚至使电流互感器二次开路而烧坏，如图3-51所示。

　　右手拇指与食指夹住导线弯折处，保证水平方向导线位于试验接线盒与假表尾中间位置。竖直方向导线与试验接线盒零线端子上方孔1位置对齐，如图3-52所示。

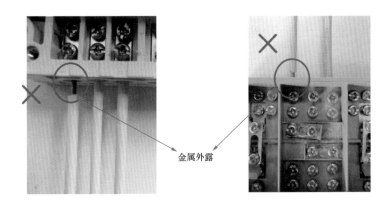

金属外露

图 3-50 剥线太长导致金属外露

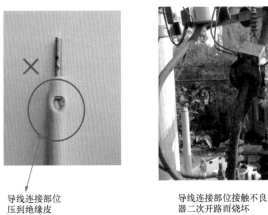

导线连接部位
压到绝缘皮

导线连接部位接触不良，致使电流互感
器二次开路而烧坏

图 3-51 绝缘皮剥得过短导致螺钉压绝缘皮

在导线与试验接线盒上沿接触部位，用左手拇指和食指将这一点夹住，如图 3-53 所示。

右手拿剥线钳，在距离这一点 2mm 处，选择剥线钳合适孔径剥掉绝缘皮，如图 3-54 所示。

图 3-52 右手拇指与食指夹住导线弯折处，保证水平方向导线位于试验接线盒与假表尾中间位置

图 3-53 左手拇指和食指在导线与试验接线盒上沿接触部位夹住导线

图 3-54 在距离左手夹住导线这一点 2mm 处，剥掉绝缘皮

（8）调整。调整剥掉绝缘皮部分金属长度，使其长度在 2cm 左右，并适当整理导线，保证导线横平竖直。

（9）接入导线。把导线接入到假表尾和试验接线盒对应孔里，用螺丝刀将螺钉拧紧，保证金属没有外露，如图 3-55 和图 3-56 所示。

注意：在拧螺钉之前，首先要保证螺丝刀的十字头或一字头与所拧螺钉完全卡住。其次，要用掌心顶住螺丝刀把手尾部，保证螺钉、螺丝刀、掌心三者在一条水平线上（一方面易于螺钉拧紧，另一方面不容易损坏螺纹）。最后，在拧螺钉过程中，当发现螺钉拧紧后，还需用力再将螺钉旋转半圈至四分之三圈，保证良好的接触。

三、三相四线采集终端零线入（第二根线）

三相四线电能表零线入如图 3-57 所示。

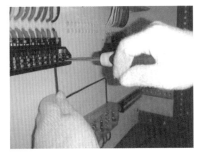

图 3-55　拧紧假表尾 10 号端子 2 个螺钉

图 3-56　拧紧试验接线盒零线端子上方孔 1 位置 2 个螺钉

（1）选线。零线选取 2.5mm² 黑色单芯绝缘铜导线。

（2）整理导线（竖直方向）。

（3）第一次折线。在距离整理导线一端 10cm 处弯折导线。

（4）整理导线（水平方向）。

（5）第二次折线。将竖直方向导线与采集终端假表尾 10 号端子对齐，如图 3-58 所示。导线沿水平方向在试验接线盒零线端子上方孔 3 位置，折线如图 3-59 所示，折线步骤与（3）相同。

图 3-57　三相四线电能表零线入

图 3-58　竖直方向导线与采集
终端假表尾 10 号端子对齐

图 3-59　在试验接线盒零线端子
上方孔 3 位置折线

（6）整理导线（竖直方向）并剪断导线。重复步骤（2），并在距离弯折处 10cm 处，剪断导线。

（7）剥掉绝缘皮。右手拇指与食指夹住导线弯折处，保证水平方向导线位于试验接线盒与假表尾中间位置，竖直方向导线与采集终端假表尾 10 号端子对齐，如图 3-60 所示。在导线与采集终端假表尾下沿接触部位，用左手拇指和食指将这一点夹住，右手拿剥线钳，在距离这一点 2mm 处，选择剥线钳合适孔径剥掉绝缘皮。

　　右手拇指与食指夹住导线弯折处，保证水平方向导线位于试验接线盒与假表尾中间位置，竖直方向导线与试验接线盒零线端子上方孔 3 位置对齐，如图 3-61 所示。在导线与试验接线盒上沿接触部位，用左手拇指和食指将这一点夹住，右手拿剥线钳，在距离这一点 2mm 处，选择剥线钳合适孔径剥掉绝缘皮。

图 3-60　竖直方向导线与采集　　　　图 3-61　竖直方向导线与试验接线

终端假表尾 10 号端子对齐　　　　　　盒零线端子上方孔 3 位置对齐

　　（8）调整。调整剥掉绝缘皮部分金属长度，使其长度在 2cm 左右，并适当整理导线。

　　（9）接入导线。把导线接到采集终端假表尾和试验接线盒对应孔里，用螺丝刀将螺钉拧紧，保证金属没有外露，如图 3-62 和图 3-63 所示。

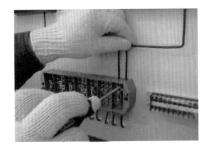

图 3-62　拧紧假表尾 10 号端子　　　　图 3-63　拧紧试验接线盒零线上

2 个螺钉　　　　　　　　　　　　方孔 3 位置 2 个螺钉

三相四线采集终端零线入如图 3-64 所示。

图 3-64　三相四线采集终端零线入

任务三　三相四线电能表 U 相接线

【任务描述】

本模块学习三相四线电能表 U 相接线步骤、接线技巧及接线过程中需要注意的事项；完成 U 相正确、规范接线。

一、第一步

接 1 根线：三相四线电能表 U 相电流出到采集终端 U 相电流入（第三根线）。

（1）选线。U 相电流线选取截面积为 4mm² 的黄色单芯绝缘铜导线。

（2）整理导线（竖直方向）。

（3）第一次折线。在距离整理导线一端 10cm 处弯折导线。

（4）整理导线（水平方向）。

（5）第二次折线。将竖直方向导线与电能表假表尾 3 号端子对齐，如图 3-65 所示。

导线沿水平方向在采集终端假表尾 1 号端子位置折线，如图 3-66 所示，折线步骤与（3）相同。

图 3-65 竖直方向导线与电能表假表尾 3 号端子对齐

图 3-66 在采集终端假表尾 1 号端子位置折线

（6）整理导线（竖直方向）并剪断导线。重复步骤（2），并在距离弯折处 10cm 处，剪断导线。

（7）剥掉绝缘皮。竖直方向导线分别与电能表假表尾 3 号端子、采集终端假表尾 1 号端子对齐，如图 3-67 所示。按照任务二（7）中的方法剥掉绝缘皮。

（8）调整。调整剥掉绝缘皮部分金属长度，使其长度在 2cm 左右，并适当整理导线。

（9）接入导线。把导线接到电能表假表尾和试验接线盒对应孔里，用螺丝刀将螺钉拧紧，保证金属没有外露，如图 3-68 所示。

图 3 - 67　竖直方向导线分别与电能表假表尾 3 号端子、
采集终端假表尾 1 号端子对齐

图 3 - 68　三相四线电能表 U 相电流出到采集终端 U 相电流入

二、第二步

接 2 根线：三相四线电能表和采集终端 U 相电压线。

1. 三相四线电能表 U 相电压线接入（第四根线）

（1）选线。U 相电压线选取截面积为 2.5mm² 的黄色单芯绝缘铜导线。

（2）整理导线（竖直方向）。

（3）第一次折线。在距离整理导线一端 10cm 处弯折导线。

（4）整理导线（水平方向）。

（5）第二次折线。将竖直方向导线与电能表假表尾 2 号端子对齐，如图

3－69所示。

沿水平方向导线在试验接线盒 U 相电压端子上方孔 1 位置折线，如图3－70所示。

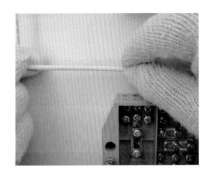

图 3－69　竖直方向导线与电能
表假表尾 2 号端子对齐

图 3－70　在试验接线盒 U 相电压
端子上方孔 1 位置折线

（6）整理导线（竖直方向）并剪断导线。重复步骤（2），并在距离弯折处 10cm 处，剪断导线。

（7）剥掉绝缘皮。竖直方向导线分别与电能表假表尾 2 号端子、试验接线盒 U 相电压端子上方孔 1 对齐，如图 3－71 所示。按照任务二（7）中方法剥掉绝缘皮。

（8）调整。调整剥掉绝缘皮部分金属长度，使其长度在 2cm 左右，并适当整理导线。

（9）接入导线。把导线接入到电能表假表尾和试验接线盒对应孔里，用螺丝刀将螺钉拧紧，保证金属没有外露，如图 3－72 所示。

2. 三相四线采集终端 U 相电压入（第五根线）

与第四根线的接线步骤及要求相同，完成三相四线采集终端 U 相电压入，采集终端假表尾和试验接线盒端子接线孔要选正确。导线两端分别接入终端假表尾2号端子和试验接线盒U相电压端子上方孔3,如图3-73和图3-74所示。

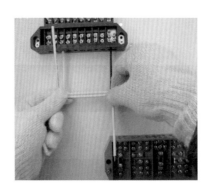

图3-71 竖直方向分别导线与电能表
假表尾2号端子、试验接线盒U相
电压端子上方孔1对齐

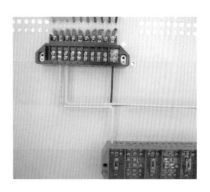

图3-72 三相四线电能表U
相电压入

图3-73 电压线接入采集终端假
表尾2号端子

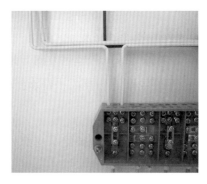

图3-74 电压线接入试验接线盒U
相电压端子上方孔3

保证第四根、第五根线要做到在竖直和水平方向都与第三根线都是平行的。

三相四线采集终端U相电压入如图3-75所示。

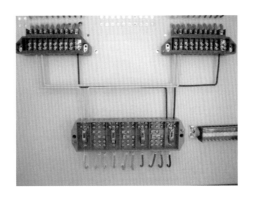

图 3-75　三相四线采集终端 U 相电压入

三、第三步

接 2 根线：三相四线电能表 U 相电流入和采集终端 U 相电流出。

1. 三相四线电能表 U 相电流入（第六根线）

与第五根线的接线步骤及要求相同，完成三相四线电能表 U 相电流线接入。导线两端分别接入电能表假表尾 1 号端子和试验接线盒 U 相电流端子上方孔 1，如图 3-76 和图 3-77 所示。

图 3-76　电流线接入电能表假表尾 1 号端子

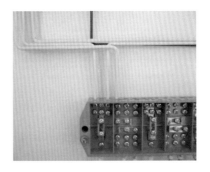

图 3-77　电流线接入试验接线盒 U 相电流端子上方孔 1

三相四线电能表 U 相电流入如图 3-78 所示。

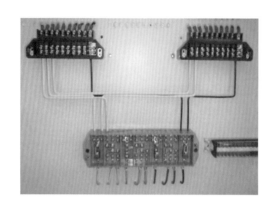

图 3-78 三相四线电能表 U 相电流入

2. 三相四线采集终端 U 相电流出（第七根线）

与第六根线的接线步骤及要求相同，完成三相四线采集终端 U 相电流出。导线两端分别接入终端假表尾 3 号端子和试验接线盒 U 相电流端子上方孔 3，如图 3-79 和图 3-80 所示。

图 3-79 电流线接入采集终端假
表尾 3 号端子

图 3-80 电流线接入试验接线盒
U 相电流端子上方孔 3

保证第六根、第七根线在竖直和水平方向分别与第四根、第五根线平行。

三相四线采集终端 U 相电流出如图 3-81 所示。

图3-81　三相四线采集终端U相电流出

任务四　三相四线电能表V相接线

【任务描述】

学习三相四线电能表V相接线步骤、接线技巧及接线过程中需要注意的事项；完成V相正确、规范接线。

一、第一步

接1根线：三相四线电能表V相电流出到采集终端V相电流入（第八根线）。

与第三根线的接线步骤及要求相同，V相电流线选取截面积为4mm² 的绿色单芯绝缘铜导线，导线两端分别接入电能表假表尾的是6号端子和采集终端假表尾4号端子，如图3-82和图3-83所示。

二、第二步

接2根线：三相四线电能表和采集终端V相电压线，如图3-84所示。

1. 三相四线电能表V相电压线入（第九根线）

与第四根线的接线步骤及要求相同，V相电压线选取截面积为2.5mm² 的绿色单芯绝缘铜导线，导线两端分别接入电能表假表尾5号端子和试验接线盒V相电压端子上方孔1，如图3-85和图3-86所示。

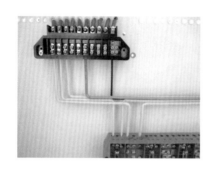

图 3-82　电流线接入电能表
假表尾 6 号端子

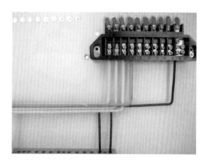

图 3-83　电流线接入采集终端
假表尾 4 号端子

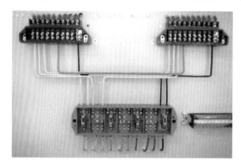

图 3-84　三相四线电能表 V 相电流出到采集终端 V 相电流入

图 3-85　电压线接入电能表
假表尾 5 号端子

图 3-86　电压线接入试验接线
盒 V 相电压端子上方孔 1

三相四线电能表 V 相电压入如图 3-87 所示。

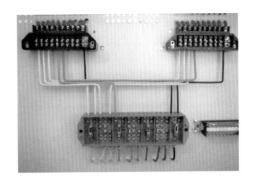

图 3-87　三相四线电能表 V 相电压入

2. 三相四线采集终端 V 相电压入（第十根线）

与第五根线的接线步骤及要求相同，V 相电压线选取截面积为 $2.5mm^2$ 的绿色单芯绝缘铜导线，导线两端分别接入采集终端假表尾 5 号端子和试验接线盒 V 相电压端子上方孔 3，如图 3-88 和图 3-89 所示。

图 3-88　电压线接入采集终端

假表尾 5 号端子

图 3-89　电压线接入试验接线

盒 V 相电压端子上方孔 3

保证第九根、第十根线要做到在竖直和水平方向与第八根线平行。

三相四线采集终端 V 相电压入如图 3-90 所示。

三、第三步

接 2 根线：三相四线电能表 V 相电流入和采集终端 V 相电流出

1. 三相四线电能表 V 相电流入（第十一根线）

与第六根线的接线步骤及要求相同，V 相电流线选取截面积为 $4mm^2$ 的绿色单芯绝缘铜导线，导线两端分别接入电能表假表尾 4 号端子和试验接线盒 V 相电流端子上方孔 1，如图 3-91 和图 3-92 所示。

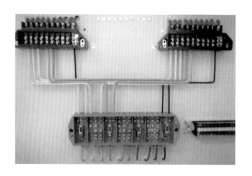

图 3-90　三相四线采集终端 V 相电压入

图 3-91　电流线接入电能表　　　　　　图 3-92　电流线接入试验接线
假表尾 4 号端子　　　　　　　　　　盒 V 相电流端子上方孔 1

三相四线电能表 V 相电流入如图 3-93 所示。

2. 三相四线采集终端 V 相电流出（第十二根线）

与第七根线的接线步骤及要求相同，V 相电流线选取截面积为 $4mm^2$ 的绿色单芯绝缘铜导线，导线两端分别接入采集终端假表尾 6 号端子和试验接线盒 V 相电流端子上方孔 3，如图 3-94 和图 3-95 所示。

保证第十一根、第十二根线在竖直和水平方向分别与第九根、第十根线平行。

图 3-93　三相四线电能表 V 相电流入

图 3-94　电流线接入采集终端

假表尾 6 号端子

图 3-95　电流线接入试验接线

盒 V 相电流端子上方孔 3

三相四线采集终端 V 相电流出如图 3-96 所示。

图 3-96　三相四线采集终端 V 相电流出

任务五 三相四线电能表 W 相接线

【任务描述】

本模块学习三相四线电能表 W 相接线步骤、接线技巧及接线过程中需要注意的事项；完成 W 相正确、规范接线。

一、第一步

接 1 根线：三相四线电能表 W 相电流出到采集终端 W 相电流入（第十三根线）。

与第三根线的接线步骤及要求相同，W 相电流线选取截面积为 $4mm^2$ 的红色单芯绝缘铜导线，导线两端分别接入电能表假表尾 9 号端子和采集终端假表尾 7 号端子，如图 3-97 和图 3-98 所示。

图 3-97　电流线接入电能表
假表尾 9 号端子

图 3-98　电流线接入采集终端
假表尾 7 号端子

三相四线电能表 W 相电流出到采集终端 W 相电流入如图 3-99 所示。

二、第二步

接 2 根线：三相四线电能表和采集终端 W 相电压线。

1. 三相四线电能表 W 相电压入（第十四根线）

与第四根线的接线步骤及要求相同，W 相电压线选取截面积为 $2.5mm^2$

图 3-99　三相四线电能表 W 相电流出到采集终端 W 相电流入

的红色单芯绝缘铜导线，导线两端分别接入电能表假表尾 8 号端子和试验接线盒 W 相电压端子上方孔 1，如图 3-100 和图 3-101 所示。

图 3-100　电压线接入电能表

假表尾 8 号端子

图 3-101　电压线接入试验接线

盒 W 相电压端子上方孔 1

三相四线电能表 W 相电压入如图 3-102 所示。

2. 三相四线采集终端 W 相电压入（第十五根线）

与第五根线的接线步骤及要求相同，W 相电压线选取截面积为 2.5mm^2 的红色单芯绝缘铜导线，导线两端分别接入采集终端假表尾 8 号端子和试验接线盒 W 相电压端子上方孔 3，如图 3-103 和图 3-104 所示。

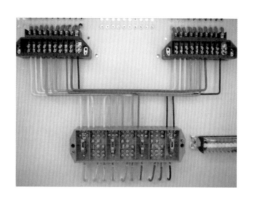

图 3-102　三相四线电能表 W 相电压入

图 3-103　电压线接入采集终端
假表尾 8 号端子

图 3-104　电压线接入试验接线
盒 W 相电压端子上方孔 3

三相四线采集终端 W 相电压入如图 3-105 所示。

三、第三步

接 2 根线：三相四线电能表 W 相电流入和采集终端 W 相电流出。

1. 三相四线电能表 W 相电流入（第十六根线）

与第六根线的接线步骤及要求相同，W 相电流线选取截面积为 4mm² 的红色单芯绝缘铜导线，导线两端分别接入电能表假表尾 7 号端子和试验接线盒 W 相电流端子上方孔 1，如图 3-106 和图 3-107 所示。

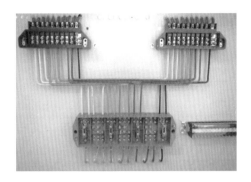

图 3 - 105　三相四线采集终端 W 相电压入

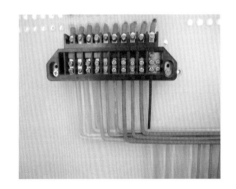

图 3 - 106　电流线接入电能表
假表尾 7 号端子

图 3 - 107　电流线接入试验接线
盒 W 相电流端子上方孔 1

三相四线电能表 W 相电流入如图 3 - 108 所示。

2. 三相四线采集终端 W 相电流出（第十七根线）

与第七根线的接线步骤及要求相同，W 相电流线选取截面积为 4mm² 的红色单芯绝缘铜导线，导线两端分别接入采集终端假表尾 9 号端子和试验接线盒 W 相电流端子上方孔 3，如图 3 - 109 和图 3 - 110 所示。

三相四线采集终端 W 相电流入如图 3 - 111 所示。

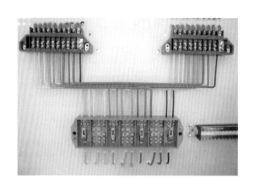

图 3 - 108　三相四线电能表 W 相电流入

图 3 - 109　电流线接入电能表
假表尾 9 号端子

图 3 - 110　电流线接入试验接线
盒 W 相电流端子上方孔 3

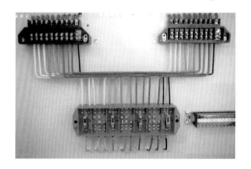

图 3 - 111　三相四线采集终端 W 相电流入

【小结】

三相四线有功电能表有直接接入式、经互感器接入式两种接线方式。为了准确考核用户的加权平均力率，给力率调整电费提供可靠依据，电力部门对大容量用户在安装有功电能表的同时，也往往要安装无功电能表。

电能表的联合接线系指在电流互感器或电流、电压互感器二次回路中同时接入有功电能表、无功电能表以及其他有关测量仪表。

三相四线电子式电能表、三相四线采集终端及电能表假表尾具有相同的表尾端钮标号，每个标号所代表的含义也是相同的。

三相四线电能表接线按照零线、U相、V相、W相的顺序进行操作，把握接线规律。导线选择要正确，工具使用要合理，保证每个端子的螺钉都压到导线金属部分，保证导线金属不外露，同时还要注意接线工艺，保证导线分层分色、合理美观。

【练习题】

1. 请画出三相四线有功电能表在感性负荷时的相量图，并写出正确接线时的功率计算公式。

2. 采用三相四线接线方式时应注意什么？

3. 为什么对大容量电力用户实行"按力率调整电费"的办法？

4. 请画出跨相90°型三相四线无功电能表相量图，并写出正确接线时的功率计算公式。

5. 什么是电能表的联合接线？联合接线应满足哪些条件？

6. 三相四线电子式电能表表尾端钮标号各代表什么？

7. 请简述0.4kV电能计量装置柜前接线实训操作步骤。

10kV 电能计量装置柜后接线实训

【学习情景描述】

10kV 电能计量装置柜后接线实训分为电压互感器基础知识、互感器二次侧保护接地线连接、电压互感器二次回路接线、电流互感器二次回路接线四部分内容。

【教学目标】

1. 掌握电压互感器相关基础知识;

2. 掌握互感器二次侧保护接地线连接步骤及工艺要求;

3. 掌握电压互感器二次回路接线步骤及工艺要求;

4. 掌握电流互感器二次回路接线步骤及工艺要求;

5. 通过学习使学员能够掌握 10kV 电能计量装置柜后接线的原理,能够正确、规范的完成接线。

任务一   电压互感器基础知识

【任务描述】

本模块通过学习电压互感器工作基本原理,认知其端子标志和电气符号;掌握主要技术参数、极性等知识;学习电压互感器的接线方式,以及使用过程中注意事项。

一、电压互感器概述

1. 工作原理

电压互感器的接线原理如图 4-1 所示。

电压互感器实际上是一个带铁芯的变压器。它主要由一次绕组、二次绕组、铁芯和绝缘组成。当在一次绕组上施加一个电压 U_1 时，在铁芯中产生磁通 φ，根据电磁感应定律，在二次绕组中就会产生二次电压 U_2。改变一次绕组或二次绕组的匝数，可以产生不同的一次电压与二次电压比，这就可组成不同电压比的电压互感器。

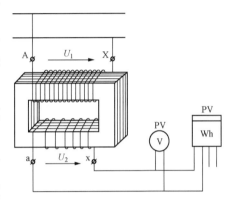

图 4-1 电压互感器的接线原理图

当电压互感器一次绕组上施加一个电压 U_1 时，在铁芯中产生一个磁通 φ，这就一定要由励磁电流 $\dot{I}_0$ 存在。由于一次绕组存在电阻和漏抗，所以 $\dot{I}_0$ 就要在这内阻抗上产生电压降，这就形成了电压互感器的空负荷误差。当二次绕组接有负荷时，二次绕组中产生负荷电流，为了保持磁通不变，此时一次绕组中也增加一个负荷电流分量，由于二次绕组也存在电阻和漏抗，所以负荷电流就要在一次、二次绕组的内阻抗上产生电压降，这就形成了电压互感器的负荷误差。由此可见，电压互感器的误差主要由励磁电流在一次绕组内阻抗产生的电压降和负荷电流在一次、二次绕组的内阻抗上产生的电压降所引起的。

2. 端子标志和电气符号

（1）电压互感器的端子标志如图 4-2 所示。一次绕组两端用大写字母

U1、U2 或 A、X 表示；二次绕组两端用小写字母 u1、u2 或 a、x 表示。

（2）电压互感器的电气图形符号如图 4 - 3 所示。

图 4 - 2　电压互感器的端子标志　　图 4 - 3　电压互感器电气图形符号

3. 主要技术参数

（1）准确度等级。对电压互感器在规定使用条件下的准确度等级，按照 JJG 314—2010《测量用电压互感器检定规程》，电压互感器的准确度等级可分为 0.001、0.002、0.005、0.01、0.02、0.05、0.1、0.2、0.5、1 级。互感器的误差包括比值差和相位差，每一个准确度等级的互感器都对此有明确的要求。

（2）额定电压比。额定一次电压与额定二次电压的比值即为额定电流比，为

$$K_{\mathrm{U}} = \frac{U_{1\mathrm{N}}}{U_{2\mathrm{N}}} = \frac{N_1}{N_2} \tag{4 - 1}$$

电压互感器额定变化等于匝数比，即与一次匝数呈成比，与二次匝数成反比。

（3）额定一次电压。指作为电压互感器性能基准的一次电压值，即为额定一次电压。电力系统常用互感器的额定一次电压为 6、$6/\sqrt{3}$、10、$10/\sqrt{3}$、35、$35/\sqrt{3}$、$110/\sqrt{3}$、$220/\sqrt{3}$、$500/\sqrt{3}$kV 等，其中"$1/\sqrt{3}$"的额定电压值用于三相四线制中性点接地系统的单相互感器。

（4）额定二次电压。指作为电压互感器性能基准的二次电压值，即为额定二次电压。电力系统常用二次电压为 100、$100/\sqrt{3}$V。接于三相四线制中性点接地系统的单相互感器，其二次电压额定电压应为 $100/\sqrt{3}$V。

（5）额定输出。在额定二次电压及接有额定负荷条件下，互感器所供给二次电路的视在功率值（在规定功率因数下以 VA 表示）。根据国家标准 GB 1207—2006《电磁式电压互感器》，额定输出的标准值在功率因素为 0.8（滞后）时，分别为 $\underline{10}$、15、$\underline{25}$、30、$\underline{50}$、75、$\underline{100}$VA，其中有下横线者为优选值。对三相互感器而言，其额定输出是指每相的额定输出。

电压互感器额定负荷容量 S_N（单位为 VA）与额定负荷导纳 Y_N（单位为 S）之间的关系可用下式表示

$$S_N = U_{2N}^2 Y_N \qquad (4-2)$$

对于电力系统用的一般电压互感器，额定二次电压 $U_{2N} = 100V$，因此

$$S_N = 100^2 Y_N \qquad (4-3)$$

在不同电压下，额定负荷导纳 Y_N 是常数，这时电压互感器二次输出容量 S 为

$$S = U_2^2 Y_N \qquad (4-4)$$

将式（4-4）除以式（4-2）得到

$$\frac{S}{S_N} = \frac{U_2^2}{U_{2N}^2} \qquad (4-5)$$

设 $U_2 = a\% \cdot U_{2N}$，则

$$S = (a\%)^2 S_N \qquad (4-6)$$

由此可知，电压互感器的二次输出容量与额定电压百分比的平方及额定二次负荷容量成正比。

检定规程规定，电压互感器的二次负荷必须在 $25\% \sim 100\%$ 额定负荷范围内，方能保证其误差合格，一般情况下将 25% 额定负荷称作下限负荷，具体的情况见互感器检定规程。

二、电压互感器极性

（1）单项电压互感器，一次侧首端标为 U1，末端标为 U2，二次绕组首端标为 u1，末端标为 u2，如图 4-4 所示。

（2）三相电压互感器，一次侧以大写字 U、V、W、N 作为各相标志，二次侧以小写字母 u、v、w、n 标明相应的各相线端，如图 4-5 所示。

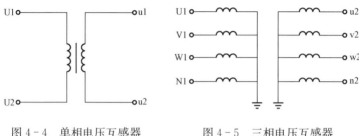

图 4-4　单相电压互感器　　　图 4-5　三相电压互感器

（3）当具有多个二次绕组时，除零序用辅助绕组外，分别在各个二次绕组的出线标志前加注数字，如 1u、1v、1w、1n、2u、2v、2w、2n 等，辅助绕组标为 u1A、u2A，如图 4-6 所示。

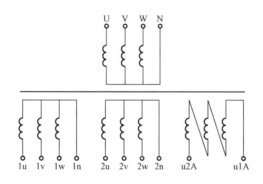

图 4-6　多绕组三相电压互感器

在使用电流互感器和单相电压互感器时应注意，互感器一次侧以哪一端作为电源端是变化的，一旦一次绕组电源端确定后，二次绕组必须以对应端为表计电源端。如电流互感器以 L2 作为一次侧电源端，则二次侧应以 K2 作为表计的电源端，如图 4-7 所示。

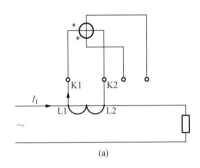
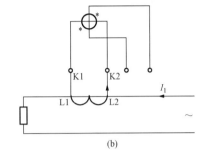

(a)　　　　　　　　　　(b)

图 4-7　电流互感器接线图

(a) 以 L1 为电源端；(b) 以 L2 为电源端

三、电压互感器接线方式

1. V—V 接法

V—V 接线如图 4-8 所示。

V—V 接法广泛地应用于中性点不接地或经消弧线圈接地的 35kV 及以下的三相系统，特别是 10kV 三相系统。因为它既能节省 1 台电压互感器，又可满足三相有功电能表、无功电能表和三相功率表所需的线电压。仪表电压线圈一般接于二次侧的 u、v 间和 w、u 间。这种接法的缺点是：不能测量相电压、不能接入监视系统绝缘状况的电压表、总输出容量仅为

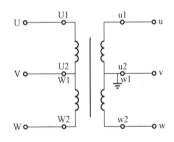

图 4-8　2 台单相电压互感器
V—V 接法的实际接线图

2 台容量之和的 $\dfrac{\sqrt{3}}{2}$ 倍。

2. Yyn 接法

Yyn 接线如图 4-9 所示。

Yyn 接法可用于 1 台三铁芯柱三相电压互感器，也可用于 3 台单相电压互感器构成三相电压互感器组。此种接法多用于小电流接地的高压三相系统，

一般是将二次侧中性线引出，接成 Yyn 接法。此种接法的缺点是：当二次负荷不平衡时，可能引起较大的误差；为防止高压侧单相接地故障，高压中性点不允许接地，故不能测量对地电压。

3. YNyn 接法

当 YNyn 接法用于大电流接地系统时，多采用三台单相电压互感器构成三相电压互感器组，如图 4 - 10 所示。

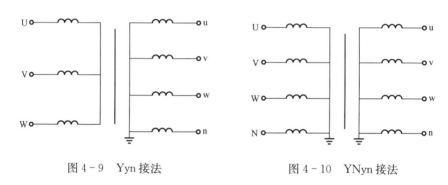

图 4 - 9　Yyn 接法　　　　　图 4 - 10　YNyn 接法

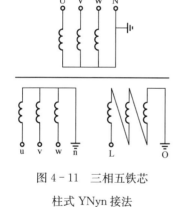

图 4 - 11　三相五铁芯
柱式 YNyn 接法

它的优点是：由于高压中性点接地，故可降低线路绝缘水平，使成本降低；电压互感器绕组是按相电压设计的，可测量线电压和相电压。

当 YNyn 接法用于小电流接地系统时，多采用三相五铁芯结构的三相电压互感器，如图 4 - 11 所示。二次侧增设的开口三角形连接的辅助绕组，可构成零序电压过滤器供继电保护、绝缘监视等用。

此种接法一次侧、二次侧均有中性线引出，故既可测量线电压，又可测量相电压。

四、电压互感器使用注意事项

（1）正确接线，注意极性。即遵守"并联原则"和"减极性原则"：一次绕组与被测电路并联，二次绕组和所有仪表的电压回路并联。通常在互感器上都有接线标志牌，它标明了各端子的接线方法，要注意识别和遵守。

在电能表和互感器连接时还要注意同极性端要对应，同极性端常以"·"或"＊"或字母表示。电压互感器的 A 与 a 为同极性端，否则可能导致电能表反转。

（2）运行中的电压互感器一次侧和二次侧均不允许短路。由于电压互感器在正常运行时二次侧相当于开路，电流很小。当二次绕组短路时，二次电流会增大，使熔丝熔断，使电能表计量产生误差和引起继电保护装置误动作。如果熔丝未熔断，此短路电流会烧坏电压互感器。

在电压互感器的一次侧也应安装熔断器，以保护高压电网不因互感器一次绕组或其他故障而危及运行安全。

（3）运行中的电压互感器二次侧应设保护接地。为了防止互感器一次、二次绕组之间绝缘击穿或损坏高压窜入二次绕组，危及人身安全和设备安全，应将电压互感器的二次绕组、铁芯和外壳可靠接地。

（4）二次实际负荷不超过其额定二次负荷（伏安数或欧姆值），否则电压互感器的准确度会降低，甚至会导致电压互感器过负荷烧坏。

（5）电压互感器的额定电压应与系统电压相适应。

（6）使用前应进行检定。只有通过了检定并合格的电压互感器，才能保证运行时的安全性、准确性、正确性。

另外，同一组电压互感器应采用制造厂家、型号、额定变比、准确度等级、二次容量均相同的互感器。

任务二 互感器二次侧保护接地线连接

【任务描述】

本模块要求认知 10kV 电压、电流互感器一次、二次端子及接地点标志；学习接地线的制作技巧和要求，能够正确、规范进行地线连接。

一、10kV 互感器端子及接地点认知

1. 10kV 电压互感器

10kV 电压互感器一次端子为 A 和 X，如图 4-12 所示；二次端子为 a 和 x，如图 4-13 所示。

图 4-12 电压互感器一次端子 A 和 X

图 4-13 电压互感器二次端子 a 和 x

10kV 线路中 2 台电压互感器采用 V—V 接线，其中第一台（右边）一次侧 A 端与 U 相连接，X 端与 V 相连接，这台电压互感器称为 UV 相电压互感器，可知其二次侧 a 端为 u 相，x 端为 v 相；第二台（左边）一次侧 A 端与 V 相连接，X 端与 W 相连接，这台电压互感器称为 WV 相电压互感器，可知其二次侧 a 端为 v 相，x 端为 w 相。

由电压互感器 V—V 接线特点可知，二次侧 v 相接地，所以 UV 相电压互感器二次侧 x 端和 WV 相电压互感器二次侧 a 端应接地。

2.10kV 电流互感器

10kV 电流互感器一次端子为 P1 和 P2，如图 4 - 14 所示；二次端子为 1S1 和 1S2，如图 4 - 15 所示。

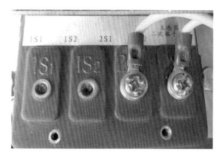

图 4 - 14　电流互感器一次端子 P1 和 P2　　图 4 - 15　电流互感器二次端子 1S1 和 1S2

　　10kV 线路中 2 台电流互感器采用分相连接，其中第一台（左边）一次侧接入 U 相，且一次电流从 P1 流入，从 P2 流出，这台电流互感器称为 U 相电流互感器，由减极性概念可知其二次侧 1S1 为 u 相二次电流流出端，1S2 为 u 相二次电流流入端；第二台（右边）一次侧接入 W 相，且一次电流从 P1 流入，从 P2 流出，这台电流互感器称为 W 相电流互感器，由减极性概念可知其二次侧 1S1 为 w 相二次电流流出端，1S2 为 w 相二次电流流入端。

　　由电流互感器分相接线特点可知，二次侧 1S2 应接地。

3. 接地点

接地点标志如图 4 - 16 所示。

二、电压互感器二次侧保护接地线的制作

1. 选取保护接地线

将保护接地线（单芯绝缘铜导线、黑色 1 根、截面积为 2.5mm^2、长为 2m）剪断，使之成为 2 根 1m 的线，选取其中 1 根。

2. 接地点处保护接地线的制作

（1）确定导线接地端。确定距离导线一端25cm处，如图4-17所示。

图4-16　接地点标志　　　　图4-17　距离导线一端25cm处

用剥线钳将绝缘皮剪断（注意不要损伤导线）并剥掉5cm绝缘皮（剥皮长度可稍大于5cm，但不能短太多），如图4-18和图4-19所示。

图4-18　剥掉绝缘皮　　　　图4-19　剥线长度为5cm

（2）弯折导线。用尖嘴钳尖嘴处在贴近绝缘皮的位置夹住导线金属部分，如图4-20所示。

右手处于水平位置，导线与手垂直，如图4-21所示。

用左手拇指在尖嘴钳夹住导线的位置向前弯折导线90°，如图4-22和图4-23所示。

图 4-20　尖嘴钳尖嘴处在贴近绝缘
皮的位置夹住导线金属部分

图 4-21　右手水平，导线竖直

图 4-22　左手拇指在尖嘴钳夹住
导线的位置向前弯折导线

图 4-23　弯折导线呈 90°

在弯折处与绝缘皮之间有 3mm 的导线没有绝缘皮（预留 3mm 的金属导线是为了保证垫片能充分接触导体，不压到绝缘皮），如图 4-24 所示。

（3）圆圈制作。在离弯折处 3cm 处，用尖嘴钳将导线弯成半圆，弯圈过程中尖嘴钳慢慢变换位置，手腕要不断随之旋转，如图 4-25～图 4-27 所示。

图 4 - 24   导线弯折处与绝缘皮有 3mm 距离

图 4 - 25   确定弯折位置

图 4 - 26   逐渐弯曲导线

（4）圆圈套入接地点。将导线做成 Ω 形，如图 4 - 28 所示。

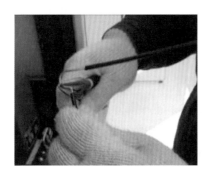

图 4 - 27   做成半圆

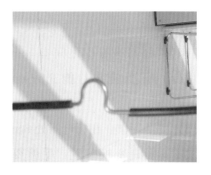

图 4 - 28   将半圆做成 Ω 形

将 Ω 形的圆圈套在接地点上，如图 4-29 所示。

用两手将导线合并到一起，使接地点与接地线接触紧密，如图 4-30 所示。

图 4-29 将 Ω 形的圆圈套在接地点上　　图 4-30 将 Ω 形的半圆合并成整圆

（5）调整导线。若导线金属部分过长，如图 4-31 所示，则将过长一端的绝缘皮剥掉 1cm，如图 4-32 所示。

图 4-31 导线金属部分过长　　　　图 4-32 将一端绝缘皮剥掉 1cm

右手用尖嘴钳夹住金属部分，左手将绝缘皮轻轻回推至合适位置，如图 4-33 所示。

保证垫片不会压到绝缘皮，金属不会外露，如图 4-34 所示。

图 4-33 尖嘴钳夹住导线金属部分，　图 4-34 调整后导线金属部分长度合适

　　左手轻推绝缘皮至合适位置

3. UV 相电压互感器二次侧保护接地线的制作

（1）确定位置。在距离接地点远的导线一端，用剥线钳将剥掉 3cm 绝缘皮，如图 4-35 所示。

（2）弯折导线。用尖嘴钳尖嘴处在贴近绝缘皮的位置夹住导线金属部分，右手处于水平位置，导线与手垂直，如图 4-36 所示。

图 4-35　剥掉 3cm 绝缘皮　　　　图 4-36　尖嘴钳尖嘴处在贴近

　　　　　　　　　　　　　　　　　　绝缘皮的位置夹住导线金属部分

10kV电能计量装置柜后接线实训

用左手拇指在尖嘴钳夹住导线的位置向前弯折导线90°，如图4-37和图4-38所示。这样在弯折处与绝缘皮之间有3mm的金属导线。

图4-37　左手拇指在尖嘴钳夹住　　　　　图4-38　弯折导线呈90°
　　　　导线的位置向前弯折导线

（3）圆圈制作。用尖嘴钳将导线弯成闭合圆圈，弯圈过程中尖嘴钳慢慢变换位置，手腕要不断随之旋转，圆圈大小要合适（要能将UV相电压互感器二次侧x端的螺钉套入，但不能比垫片尺寸大），如图4-39和图4-40所示。

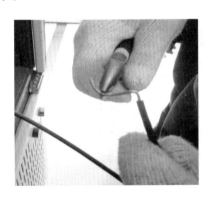

图4-39　不断向内侧弯曲导线

注意：若剥掉绝缘皮部分的金属过长，可将金属头剪断一部分。若导线金属部分过短，则必须重新剥线、制作，所以剥皮长度可稍稍大于3cm，但不能过短。

（4）UV 相电压互感器二次侧 x 端接地。UV 相电压互感器二次侧 x 端接地，如图 4 - 41 所示。

图 4 - 40　做成闭合圆圈　　图 4 - 41　UV 相电压互感器

二次侧 x 端接地

接地点与 x 端之间接地线留有一定的裕度，并在竖直和水平方向弯折导线，保证地线整齐美观，如图 4 - 42 所示。

图 4 - 42　接地点和 x 端之间留有适当裕度

4. WV 相电压互感器二次侧保护接地线的制作

操作过程与 UV 相电压互感器二次侧保护接地线的制作相同，连接点为电压互感器二次侧 a 端，如图 4 - 43 和图 4 - 44 所示。

图 4-43　WV 相电压互感器 a 端接地　　图 4-44　接地点和 a 端之间留有适当裕度

5. 固定保护接地线

（1）将保护接地线的 3 个圆圈分别套在接地点、UV 相电压互感器二次侧 x 端和 WV 相电压互感器二次侧 a 端的螺母上，如图 4-45 所示。

（a）　　　　　　　　　　　　　　　　（b）

图 4-45　接地线 3 个连接端子

（a）接地点和 UV 相电压互感器二次侧 x 端；（b）WV 相电压互感器二次侧 a 端

（2）保证圆圈上下都有 1 个垫片，圆圈大小不得超过垫片。

（3）从上往下看保证圆圈的方向为顺时针，保证圆圈与垫片接触良好，如图 4-46 所示。

（4）保证保护接地线横平竖直，为电压二次回路线的制作打好基础，接头处留有适当裕度，防止导线受力变形，如图 4-47 所示。

图4-46　从上往下圆圈为顺时针方向　　图4-47　接线端子处留适当裕度

（5）用扳手和螺丝刀固定导线，保证接触良好，如图4-48所示。

三、电流互感器二次侧保护接地线的制作

电流互感器二次侧保护接地线的制作过程与电压互感器二次侧保护接地线制作方法相同。

（1）选取接地线。

（2）接地点处接地线的制作。接地点处圆圈如图4-49所示。

（3）U相电流互感器二次侧接地线的制作。接地点为1S2，如图4-50所示。

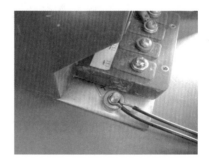

图4-48　电压互感器接地线　　　　　图4-49　接地点处圆圈

（4）W相电流互感器二次侧保护接地线的制作。接地点为1S2，如图4-51所示。

图 4-50 U相电流互感器连接
端子为 1S2

图 4-51 W相电流互感器连
接端子为 1S2

（5）固定保护接地线，并保证接线端子之间有一定裕度。如图 4-52～
图 4-54 所示。

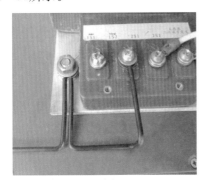

图 4-52 固定接地点和
U相 1S2 处地线

图 4-53 固定 W 相 1S2 处地线

图 4-54 电流互感器接地线

任务三　电压互感器二次回路接线

【任务描述】

本模块学习合理选取、整理电压线，制作电压互感器二次回路相应标号，能够正确、规范进行 10kV 电能计量装置电压互感器二次回路接线。

一、选取、整理电压互感器二次回路导线

1. 选取电压线

选取截面积为 2.5mm² 的黄、绿、红色多股软铜线各 1 根，分别是 U、V、W 相二次回路电压线（多股软铜线两端进行了处理，一端镀锡，一端安装线鼻），如图 4-55 所示。检查导线绝缘皮有无破损现象，若有破损现象应更换导线。

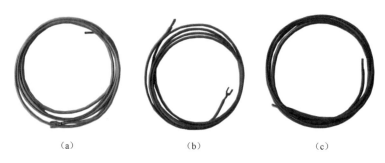

（a）　　　　　　　　　（b）　　　　　　　　　（c）

图 4-55　电压二次回路电压线

（a）U 相电压；（b）V 相电压；（c）W 相电压

2. 整理电压线

整理电压线操作与学习情景二中任务二整理电压线相同。

二、电压互感器二次回路标号

电压互感器二次回路标号操作与学习情境二任务二中电压二次回路标号相同，如图 4-56 所示。

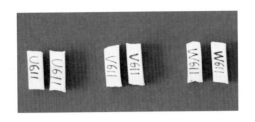

图 4 - 56　电压互感器二次回路标号

三、电压互感器二次回路接线

1. 明确接线方式

UV 相电压互感器一次侧 A 端与 U 相连接，X 端与 V 相连接，其二次侧 a 端为 u 相，x 端为 v 相；WV 相电压互感器一次侧 A 端与 V 相连接，X 端与 W 相连接，其二次侧 a 端为 v 相，x 端为 w 相。

2. 导线线鼻固定

分别将 U611 黄色和 V611 绿色电压线线鼻一端安装在 UV 相电压互感器电压互感器二次侧 a 端和 x 端，如图 4 - 57 所示。

图 4 - 57　U 相和 V 相电压线线鼻固定

保证线鼻上下各有 1 个垫片，并将螺钉拧紧，如图 4 - 58 所示。

将 W611 红色电压线线鼻一端安装在 WV 相电压互感器二次侧 x 端，同样保证线鼻上下各有 1 个垫片，并将螺钉拧紧，如图 4 - 59 所示。因为 UV

相电压互感器二次侧 x 端已经与 V611 绿色电压线相接，所以 WV 相电压互感器二次侧 a 端不用再接 V611 绿色电压线。

图 4 - 58　保证线鼻上下各有 1 个垫片

图 4 - 59　W 相电压线线鼻固定

UV 相电压互感器二次侧 a 端共有 2 个垫片，x 端共有 3 个垫片，如图 4 - 60 所示。其中 a 端接 u 相电压线 U611（线鼻上下各有 1 个垫片）；x 端接 v 相电压线 V611 和地线 3 个垫片夹住线鼻和保护接地线接头，充分保证了良好的接触。

图 4 - 60　UV 相电压互感器二次侧 x 端共有 3 个垫片

WV 相电压互感器二次侧 a 端和 x 端各有 2 个垫片，其中 a 端接地线，x 端接 W 相电压线 W611。

3. 以接地线为骨架，用短扎带将电压线与保护接地线扎在一起

在 U611 电压线弯折处用短扎带将其固定在横向地线上，弯折处与线鼻接头处留有适当的裕度。同样 V611 和 W611 电压线弯折处与线鼻接头处也

要留有适当的裕度。在 U、V 相电压线交汇处用短扎带将其与保护接地线捆扎在一起，没有交叉现象，如图 4-61 和图 4-62 所示。

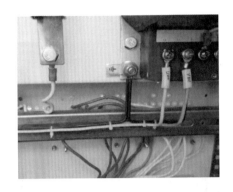 

图 4-61　将 U 相和 V 相电压线捆扎　　　　图 4-62　将 W 相电压线捆扎

　　　　在保护接地线上　　　　　　　　　　　　在保护接地线上

在 U、V、W 相电压线交汇处弯折导线，并用短扎带将其捆扎成截面为三角形的一捆线，如图 4-63 所示。

在扎线过程中要保证导线不出现交叉现象，且扎带要用力扎紧，扎带之间距离应在 8cm 左右，如图 4-64 所示。

图 4-63　将电压线捆扎成　　　　　　　图 4-64　扎带之间距离

　　截面为三角形的一捆线　　　　　　　　　在 8cm 左右

弯折处及导线汇合处增加扎带密度，如图 4 - 65 所示。

保证黄、绿、红三种颜色的电压线合理布局，整齐、美观，如图 4 - 66 所示。

 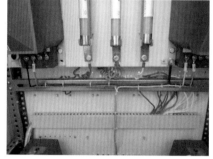

图 4 - 65　导线弯折及汇合处增加扎带　　　图 4 - 66　三根电压线合理布局

任务四　电流互感器二次回路接线

【任务描述】

本模块学习合理选取、整理电流线，制作电流互感器二次回路标号，能够正确、规范进行 10kV 电能计量装置电流互感器二次回路接线。

一、选取、整理电流互感器二次回路导线

1. 选取电流线

选取截面积为 $4mm^2$ 的黄、红色多股软铜线各 2 根，如图 4 - 67 所示，分别作为 U、W 相电流互感器二次回路导线，检查导线绝缘皮有无破损现象，若有破损现象应更换导线。

2. 整理电流线

整理电流线操作与操作与学习情境二任务二中整理电流线相同。

二、电流互感器二次回路标号

电流互感器二次回路标号操作与学习情景二任务四中电流互感器二次回

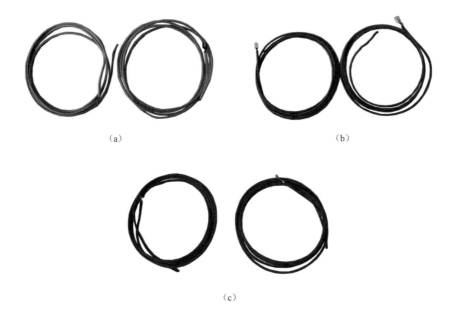

（a）　　　　　　　　　　　　　　　　（b）

（c）

图 4 - 67　电流二次回路导线

（a）U 相电流互感器二次回路导线；（b）V 相电流互感器二次回路导线；

（c）W 相电流互感器二次回路导线

路标号相同，但没有 V 相电流，如图 4 - 68 所示。

图 4 - 68　电流互感器二次回路标号

三、电流互感器二次回路接线

1. 二次电流方向确定

由于电流互感器一次侧 P1 为电流进线端，P2 为出线端；由减极性定义可知电流互感器二次侧 1S1 为电流出线端，1S2 为电流进线端。

2. 固定导线线鼻

将标号为 U411 和 U416 的黄色电流线鼻一端分别安装在 U 相电流互感器二次侧 1S1 和 1S2 端，保证线鼻上下各有 1 个垫片，并将螺钉拧紧，如图 4-69 所示。

按照同样方法，完成红色线鼻一端接线，其中 W411 和 W416 的红色电流线鼻一端分别安装在 W 相电流互感器二次侧 1S1 和 1S2 端，如图 4-70 所示。

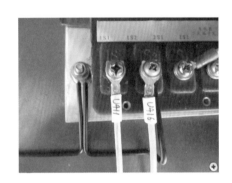 

图 4-69　U 相电流线线鼻固定，　　　　图 4-70　W 相电流线线鼻固定，
U411 对应 1S1，U416 对应 1S2　　　　W411 对应 1S1，W416 对应 1S2

2 台电流互感器二次侧 1S1 端分别有 2 个垫片（线鼻上下各有 1 个垫片），如图 4-71 所示；1S2 端共有 3 个垫片，3 个垫片夹住线鼻和保护接地线接头，充分保证了良好的接触，如图 4-72 所示。

3. 扎带固定导线

以保护接地线为骨架，用短扎带将电流线扎在一起。在留有一定裕度的基础上弯折 U411 和 U416 电流线，在 U411 和 U416 电流线交汇处用短扎带将其与保护接地线捆扎在一起，如图 4-73 所示。

图 4-71　U 相和 W 相电流互感器

二次侧 1S1 端分别有 2 个垫片

图 4-72　U 相和 W 相电流互感器

二次侧 1S2 端分别有 3 个垫片

图 4-73　将 U 相电流线与保护接地线捆扎在一起

在留有一定裕度的基础上弯折 W411 和 W416 电流线，在 W411 和 W416 电流线交汇处用短扎带将其地线捆扎在一起，如图 4-74 所示。

在 U 相和 W 相电流线交汇处，弯折导线，用短扎带将四根导线捆扎成截面为方形的一捆线，扎带之间距离应在 8cm 左右，在弯折处及导线汇合处可增加扎带密度，且扎带要用力扎紧，如图 4-75 所示。

图 4-74 将 W 相电流线与保护
接地线捆扎在一起

图 4-75 导线弯折及汇合处增加扎带

在扎线过程中不出现交叉现象，保证红色导线在下层，黄色导线在上层，如图 4-76 所示。

在导线弯折处增加扎带，提高捆扎密度，以保证导线不变形，整体布局合理、美观，如图 4-77 所示。

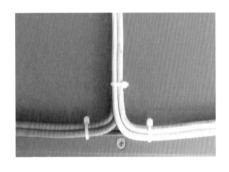

图 4-76 保证导线不交叉

图 4-77 导线布局合理

四、电压、电流二次回路导线接入试验接线盒

1. 捆扎电压和电流线

用长扎带将电压、电流二次回路导线扎在一起，并进行适当整理，如图 4-78 所示。

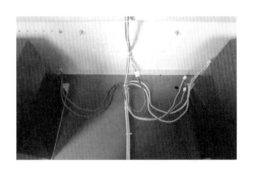

图 4-78　将电压线和电流线扎在一起

2. 电压线穿入前柜

将 U611 黄色电压线镀锡端套管拿下，将导线从柜后 1 孔穿入到柜前，并将套管套上。

按照同样方法，将 V611 绿色和 W611 红色电压线穿入柜前，如图 4-79 所示，V611 对应孔 4，W611 对应孔 7。

图 4-79　电压线穿入柜前

注意：不可将套管都取下后，再将线依次穿入柜前，以免套管套错。

3. 电流线穿入前柜

将 U411 黄色电流线镀锡端套管拿下，将导线从柜后 2 孔穿入到柜前，并将套管套上。将 U416 黄色电流线镀锡端套管拿下，将导线从柜后 3 孔穿入到柜前，并将套管套上。

按照同样方法，将 W411 和 W416 红色电流线穿入柜前，如图 4－80 所示，W411 对应孔 8，W416 对应孔 9。

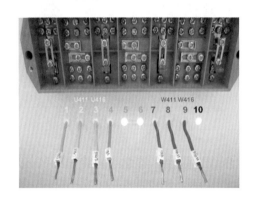

图 4－80　电流线穿入柜前

4. 电压线接入试验接线盒

分别按顺序将 U611 黄、V611 绿和 W611 红色电压线镀锡端接入到试验接线盒对应的电压端子下方的孔中。拧紧螺钉，保证 2 个螺钉都能压到焊锡端，保证金属不外露，如图 4－81 所示。

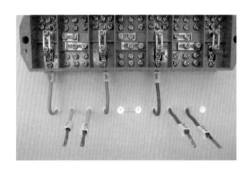

图 4－81　电压线接入试验接线盒

5. 电流线接入试验接线盒

将 U411 和 U416 黄色电流线分别接入试验接线盒 U 相电流 2、3 号端子。拧紧螺钉，保证 2 个螺钉都能压到焊锡端，且金属不外露。

按照同样方法，将红色电流线接入试验接线盒，如图 4 - 82 所示，W411 和 W416 分别对应试验接线盒 W 相电流端子下方 2、3 号孔。

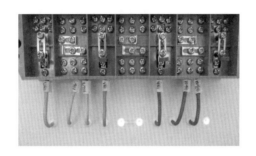

图 4 - 82　电流线接入试验接线盒

注意：套管标号的字母要在靠近接线端子一端。

10kV 电能计量装置柜后接线实物图如图 4 - 83 所示。

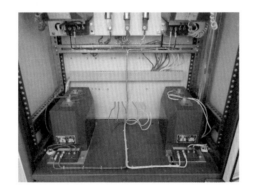

图 4 - 83　10kV 电能计量装置柜后接线实物图

【小结】

电压互感器有 V—V、Yyn、YNyn 三种接线方式。运行中的电压互感器二次侧不允许短路，并应设保护接地。

　　互感器二次侧保护接地线制作要规范、连接要正确、可靠。电压互感器和电流互感器二次回路接线过程中：导线要选择正确，导线镀锡端长度要合适；二次回路标号要规范、清晰；导线固定要牢固，保证线鼻两面各有 1 个垫片；导线布局要合理，不出现交叉现象。长短扎带结合使用，在导线弯折及汇合处增加扎带密度，保证美观；保证导线正确接入试验接线盒。

【练习题】

　　1. 请画出电压互感器的端子标志和电气符号。

　　2. 试画出电压互感器 V—V 接法的接线图。

　　3. 电压互感器接线方式有哪几种？试述每种接线方式的应用范围以及优缺点。

　　4. 使用电压互感器一般应注意哪些事项？

　　5. 运行中的电压互感器二次侧为什么不允许开路？

　　6. 在接地线的制作及连接过程中应注意些什么？

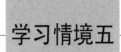

10kV 电能计量装置柜前接线实训

【学习情景描述】

　　10kV 电能计量装置柜前接线实训分为三相三线电能表接线方式、三相三线电能表 U 相接线、三相三线电能表 V 相接线、三相三线电能表 W 相接线、电能计量装置装换工作单填写六部分内容。

【教学目标】

　　1. 掌握三相三线电能表接线方式；

　　2. 掌握三相三线电能表 U 相接线步骤及工艺要求；

　　3. 掌握三相三线电能表 V 相接线步骤及工艺要求；

　　4. 掌握三相三线电能表 W 相接线步骤及工艺要求；

　　5. 能够正确、规范填写电能计量装置装换工作单；

　　6. 掌握 10kV 电能计量装置柜前接线的原理。

任务一　三相三线电能表接线方式

【任务描述】

　　本模块通过学习三相三线有功电能表、无功电能表接线方式，掌握正确接线时相量图；学习三相三线电路典型的联合接线图。

一、单向电能表接线方式

1. 直接接入式

直接接入式接线，就是将电能表端子盒内的接线端子直接接入被测电路。根据单相电能表端子盒内电压、电流接线端子排列方式不同，又可将直接接入式接线分为一进一出（单进单出）和二进二出（双进双出）两种接线排列方式，这两种方式的接线原理都是一样的。

一进一出接线排列的正确接线，是将电源的相线（俗称火线）接入接线盒第1孔接线端子上，其出线接在接线盒第2孔接线端子上；电源的中性线（俗称零线）接入接线盒第3孔接线端子上，其出线接在接线盒第4孔接线端子上，如图5-1（a）所示。

二进二出接线排列的正确接线，是将电源的相线接入接线盒第1孔接线端子上，其出线接在接线盒第4孔接线端子上；电源的中性线接入接线盒第2孔接线端子上，其出线接在接线盒第3孔接线端子上，如图5-1（b）所示。英国、美国、法国、日本、瑞士等国生产的单相电能表大多数采用这种接线。

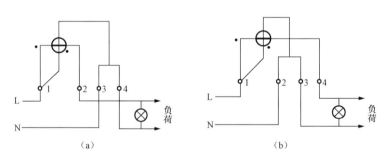

图5-1 单相电能表接线

（a）一进一出；（b）二进二出

从接线盒的结构上可以看到1、2孔之间，3、4孔之间的距离较近，而2孔和3孔之间的距离较远。因此采用一进一出接线时，使1、2孔和3、4孔分别处于同电位，这可以防止因过电压引起电能表击穿而烧坏。具体采用哪种接线方式，应查看生产厂家的安装说明书。

2. 经互感器接入式

当电能表电流或电压量限不能满足被测电路电流或电压的要求时，便需经互感器接入。有时只需经电流互感器接入，有时需同时经电流互感器和电压互感器接入。若电能表内电流、电压同各端子连接片是连着的，可采用电流、电压线共用方式接线；若连接片是拆开的，则应采用电流、电压分开方式连线。图 5-2（a）所示为经电流互感器的电流、电压共用方式接线图，这种接线电流互感器二次侧不可接地。图 5-2（b）所示为经电流经感器的电流、电压分开方式接线图，这种接线电流互感器二次侧可以接地。

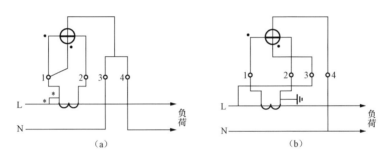

图 5-2　经电流互感器接入单相电能表的接线

（a）电流、电压线共用方式；（b）电流电压分开方式

图 5-3（a）所示为同时经电流、电压互感器的共用方式接线图；图 5-3（b）所示为同时经电流、电压互感器的分开方式接线图。由图可知，当采用共用方式时，可以减少从互感器安装处到电能表安装处的电缆芯数，互感器二次侧可共用一点接地，但发生接线错误的概率大一些。当采用分开方式时，需增加电缆芯数，电流、电压互感器的二次侧必须分别接地，但发生接线错误的可能性小一些，且便于接线检查。

采用上述接线时的注意事项与问题说明如下：

（1）电能表在接线正确的情况下，转盘均从左向右转动，一般称为顺走。只有在顺走的情况下，方向准确计量。

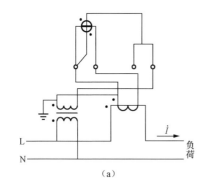 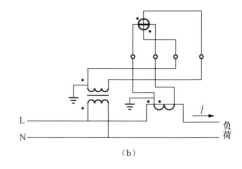

（a） （b）

图 5 - 3　同时经电流、电压互感器接入单相电能表的接线

（a）同时经电流、电压互感器的共用方式接线图；（b）同时经电流、电压互感器的分开方式接线图

（2）电能表的电流线圈或电流互感器的一次绕组，必须串联在相应的相线上，若串联在中性线上则可能产生漏计电能的现象。

（3）电压互感器必须并联在电流互感器的电源侧。若将电压互感器并联在电流互感器的负荷侧，则电压互感器一次绕组电流必须通过电流互感器的一次绕组，而使电能表多计量了非负荷所消耗的电能。

3. 正确接线时相量图

单相交流电的电功率为 $P = UI\cos\varphi$ ，而单相交流有功电能表计量的电能为 $W = Pt = (UI\cos\varphi)t$ ，电能表转矩与电功率成正比，故可由分析被测电路功率来判断电能表计量的正确性。被测电路功率由电流、电压及功率因数角决定，它们之间的关系可用相量表示，图 5 - 4 表示了不同性质负荷的相量图。一进一出与二进二出的接线排列方式虽然不同，但是电压与电流的相量关系是一致的。

（1）纯电阻性负荷。设 $\dot{U}$ 为参考相量，因电压 $\dot{U}$ 与电流 $\dot{I}$ 同相，即 $\varphi = 0°$ ， $\cos\varphi = 1.0$ 。电流相量 $\dot{I}$ 与电压相量 $\dot{U}$ 重合，如图 5 - 4 （a）所示。

（2）纯电感性负荷。由于感抗的存在，电流 $\dot{I}$ 滞后电压 $\dot{U}$ 90° ，即 $\varphi = +90°$ ， $\cos\varphi = 0$ 。仍以电压相量 $\dot{U}$ 为参考相量，电流相量 $\dot{I}$ 应沿顺时针方向

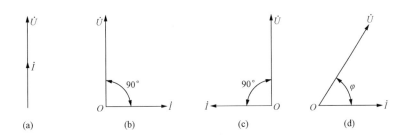

图 5-4　电流、电压相量图

(a) 纯电阻负荷（$\varphi = 0°$）；(b) 纯电感负荷（$\varphi = +90°$）；

(c) 纯电容负荷（$\varphi = -90°$）；(d) 电阻、电感混合负荷（$0° < \varphi < 90°$）

旋转 90°。可见，此时 $\dot{I}$ 与 $\dot{U}$ 相互垂直，如图 5-4（b）所示。

（3）纯电容性负荷。由于容抗的存在，电流 $\dot{I}$ 超前电压 $\dot{U}$ 90°，$\varphi = -90°$，功率因数 $\cos\varphi = 0$。电流相量 $\dot{I}$ 应自参考相量 $\dot{U}$ 的位置沿逆时针方向旋转 90°。可见，此时 $\dot{I}$ 与 $\dot{U}$ 相互垂直，但其方向与纯电感负荷情况下相反，如图 5-4（c）所示。

（4）当负荷含有电阻、电感、电容时，电流 $\dot{I}$ 究竟是超前或滞后于电压 $\dot{U}$，还是与电压 $\dot{U}$ 同相，则要视这三种负荷阻抗的大小而定。若电感的感抗与电容的容抗相等时，相当于电阻负荷，故 $\dot{I}$ 与 $\dot{U}$ 同相，$\varphi = 0°$，$\cos\varphi = 1.0$；若感抗大于容抗，相当于电阻、感性混合负荷，则 $\dot{I}$ 滞后 $\dot{U}$，$0° < \varphi < 90°$；若容抗大于感抗，相当于电阻、电容性混合负荷，则 $\dot{I}$ 超前 $\dot{U}$，$0° > \varphi > -90°$。

一般单相电能表的负荷电路中，纯电感性负荷或纯电容性负荷很少，大多是电阻性负荷或电阻、电感混合负荷，尤以电阻电感混合负荷最为普遍。这时，负荷电路中相当于电感性负荷 $\dot{I}$ 滞后于 $\dot{U}$ 一个小于 90°的 φ 角。如，当 $\dot{I}$ 滞后于 $\dot{U}$ 60°，$\cos\varphi = 0.5$（滞后），其相量关系如图 5-4（d）所示。

根据电压的相量 $\dot{U}$ 与电流的相量 $\dot{I}$，在直角坐标上的不同位置，可判断电能表的运转情况。若以横坐标 x 轴为 $\dot{U}$ 的参考相量，$\dot{I}$ 位于第 Ⅰ、Ⅳ 象限时，$\cos\varphi$ 均为正值，电能表顺转；当 $\dot{I}$ 位于第 Ⅱ、Ⅲ 象限时，$\cos\varphi$ 为负值，电能表倒转；若 $\dot{I}$ 位于 y 轴上，则不论在 x 轴的上方或下方，$\dot{I}$ 与 $\dot{U}$ 的相角均为 $90°$，$\cos\varphi = 0$，电能表不转动。

二、三相三线有功电能表接线方式

由式（3-1）～式（3-4）可知，只要满足 $\dot{I}_U + \dot{I}_V + \dot{I}_W = 0$，则无论负荷是否对称，都可以准确计量三相电能。

在没有中性线的三相三线系统中，$\dot{I}_U + \dot{I}_V + \dot{I}_W = 0$，因此可采用只有两相电流的三相三线计量方式计量三相有功电能。下面介绍三相三线有功电能表的接线。

1. 直接接入式

图 5-5 所示为计量三相三线有功电能的标准接线方式。此种接线方式适用于没有中性线的三相三线系统有功电能的计量。且不论负荷是电感性、电容性或是电阻性，也不论负荷是否三相对称，均能正确计量。

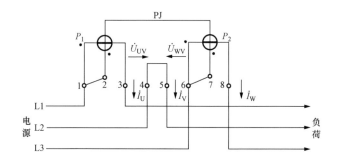

图 5-5　计量三相三线有功电能的标准接线方式

这种电能表的接线盒有 3 个接线端子，从左向右编号为 1、2、3、4、5、6、7、8，其中 1、4、6 是进线，用来连接电源的 L1、L2、L3 三根相线；3、5、8 是出线，三根相线从这里引出分别接到出线总开关的三个进线桩头上；2、7 是连通电压线圈的端子。在直接接入式电能表的接线盒内有 2 块连接片分别连接 1 与 2、6 与 7，这 2 块连接片不可拆下，并应连接可靠。

2. 经互感器接入式

三相三线有功电能表经互感器接入三相三线电路时，其接线也可分为电流、电压线共用方式和分开方式两种。图5-6为三相三线电能表只经电流互感器接入时的接线。当采用图5-6（a）所示的共用方式时，虽然接线方便，还可减少电缆芯数，但当发生接线错误时，如端子4与端子1、3、5、7中的任何一个位置互换时，便会造成相应的电流线圈因短路而烧坏等事故。当采用图5-6（b）所示的分开方式时，虽然所用电缆芯数增加，但不易造成上述短路故障，而且还有利于电能表的现场检测。所以，分开方式较为多用。

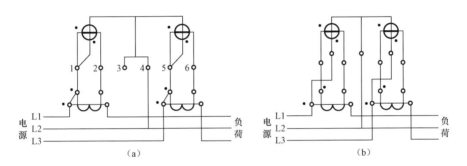

（a）　　　　　　　　　　　　　　　（b）

图5-6　三相三线电能表经电流互感器接入时的接线

（a）电压线与电流共用的接线方式；（b）电压线与电流线分开的连接方式

为了既采用分开方式接线又可减少电缆芯数，可将两个电流互感器接成不完全星形，如图5-7所示。

采用此种方式应注意，只有当电流互感器二次回路V相导线电阻 $R_V \approx 0$ 时，才能保证准确计量。当电阻 R_V 较大（如V相导线过长），且三相电流差别较大时，会因电流互感器误差变大而使计量不准确。

图5-8和图5-9是三相三线有功电能表经电流互感器和电压互感器计量中性点不直接接地的高压三相三线系统有功电能的接线图。图5-8所示的线路中采用的是电压互感器V—V接线；图5-9所示线路中采用的是电压互感器的Yyn形接线。

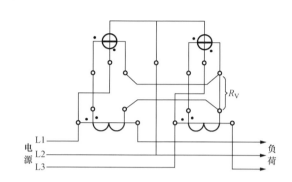

图 5-7　电流互感器接线不完全星形时的分开方式接线

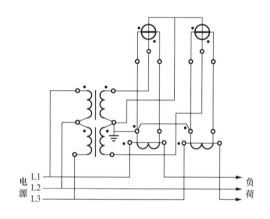

图 5-8　电压互感器 V—V 接线

　　图 5-10 所示的是 2 只具有止逆器的三相三线有功电能表计量高压三相三线系统双向供电时的有功电能的接线图。电能表可装于高压联络母线上计量甲方或乙方的受电量。图上的两个箭头表示电能传送方向：当乙方受电时，电能表 PJ1 计量甲方供给乙方的有功电能，PJ2 不转；当甲方受电时，电能表 PJ2 计量乙方供给甲方的有功电能，PJ1 不转。甲乙两方供电量之差，可用 PJ1 与 PJ2 计量的电量差来算得。采用这种接线方式应注意的问题是：当甲方由乙方供电时，因为电压互感器变为接在电流互感器的负荷侧，PJ2 计量的电量包含压互感器消耗的电能，尤其在负荷功率较低并且电流互感器变

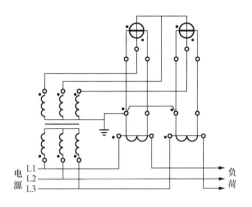

图 5-9　电压互感器 Yyn 接线

比较小时，电能表 PJ2 会产生较大的正附加误差，也就是说电能表 PJ2 多计了一些有功电量。

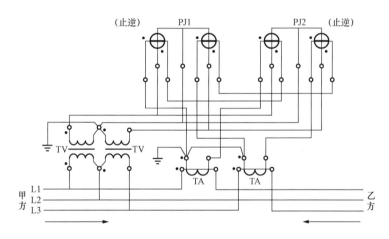

图 5-10　计量高压三相三线系统双向供电时的有功电能的接线

在高压三相三线系统中，电压互感器一般采用 V 形接线，且在二次侧 V 相接地，这种接线的优点是可省用 1 台单相电压互感器，同时也便于检查电压二次回路的接线。当然也可以采用 Y 形接线，这时应在二次侧中性点接地，电流互感器二次侧也必须有一点接地。

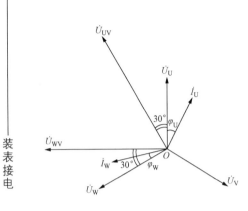

图 5-11　三相三线电能表在
感性负载时的相量图

3. 正确接线时相量图

从常用接线图 5-5～图 5-10 可以看出，两元件三相三线有功电能表不论采用哪种接线方式，其电能表接线的实质都与图 5-1 所示的标准接线方式相同，其电流、电压相量关系如图 5-11 所示。

从相量图可以看出，三相三线（二元件）电能表计量元件 1 的电压为 $\dot{U}_{UV}$，电流为 $\dot{I}_{U}$，元件 2 的电压为 $\dot{U}_{WV}$，电流为 $\dot{I}_{W}$。故三相三线（二元件）电能表计量的功率为

$$P_1 = U_{UV}I_U\cos(30° + \varphi_U)$$

$$P_2 = U_{WV}I_W\cos(30° - \varphi_W)$$

所以三相三线（二元件）电能表计量的总功率为

$$P = P_1 + P_2$$
$$= U_{UV}I_U\cos(30° + \varphi_U) + U_{WV}I_W\cos(30° - \varphi_W)$$

在三相电压及三相负荷对称时，$U_{UV} = U_{WV} = U_L$，$I_U = I_V = I_W = I_{ph}$，$\varphi_U = \varphi_W = \varphi$，且 $U_{UV} = \sqrt{3}U_U = \sqrt{3}U_{ph}$，$U_{WV} = \sqrt{3}U_W = \sqrt{3}U_{ph}$。带入上式，可得

$$P = \sqrt{3}U_{ph}I_{ph}\left[\cos(30° + \varphi) + \cos(30° - \varphi)\right]$$

$$= \sqrt{3}U_{ph}I_{ph}2\cos30°\cos\varphi$$

$$= \sqrt{3}U_{ph}I_{ph}2 \times \frac{\sqrt{3}}{2}\cos\varphi$$

$$= 3U_{ph}I_{ph}\cos\varphi$$

$$= \sqrt{3}U_{\mathrm{L}}I_{\mathrm{ph}}\cos\varphi$$

三、三相三线无功电能表接线方式

三相三线两元件无功电能表的电压线圈回路中串有电阻，使电压线圈所产生的磁通滞后电压 $60°$，故称为 $60°$ 型无功电能表。图 5 - 12 为直接接入式接线图；图 5 - 13 所示为电流互感器接入式；图 5 - 14 所示为经电流互感器及 V—V 接线的电压互感器接入的接线图。

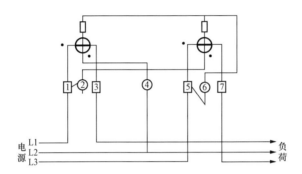

图 5 - 12　$60°$ 型三相三线无功电能表直接接入式

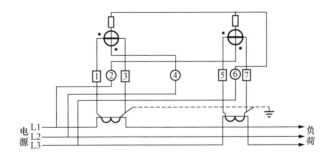

图 5 - 13　$60°$ 型三相三线无功电能表经电流互感器接入式

$60°$ 型三相三线无功电能表计量原理的相量分析，如图 5 - 15 所示。两个元件计量的功率如下

$$P'_1 = U'_{\mathrm{VW}}I_{\mathrm{U}}\cos(60° - \varphi_{\mathrm{U}})$$
$$P'_2 = U'_{\mathrm{UW}}I_{\mathrm{W}}\cos(120° - \varphi_{\mathrm{W}})$$

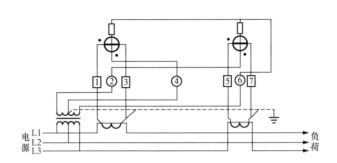

图 5 - 14 60°型三相三线无功电能表经电流电压互感器（V—V 接线）接入式

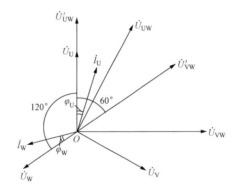

图 5 - 15 三相三线（二元件）相位差 60°型表的相量图

电能表计量的总功率为

$$P' = P'_1 + P'_2$$

$$= U'_{VW} I_U \cos(60° - \varphi_U) + U'_{UW} I_W \cos(120° + \varphi_W)$$

设三相电压及负荷电流对称，且 $U_{VW} = U_{UW} = U_L$ 时，$U'_{VW} = U'_{UW} = \sqrt{3} U_{ph}$；$I_U = I_W = I_{ph}$；$\varphi_U = \varphi_W = \varphi$，则

$$P' = \sqrt{3} U_{ph} I_{ph} [\cos(60° - \varphi) + \cos(120° - \varphi)]$$

$$= \sqrt{3} U_{ph} I_{ph} \left(\frac{1}{2} \cos\varphi + \frac{\sqrt{3}}{2} \sin\varphi - \frac{1}{2} \cos\varphi + \frac{\sqrt{3}}{2} \sin\varphi \right)$$

$$= \sqrt{3} U_{ph} I_{ph} \left(\frac{\sqrt{3}}{2} \sin\varphi + \frac{\sqrt{3}}{2} \sin\varphi \right)$$

$$= \sqrt{3}U_{\text{ph}}I_{\text{ph}}2 \times \frac{\sqrt{3}}{2}\sin\varphi$$

$$= \sqrt{3}U_{\text{ph}}I_{\text{ph}}\sin\varphi = Q$$

电能表元件计量的有功功率及总功率实为仪表圆盘获得的转速，圆盘转速与其成正比。上述分析表明：60°型三相三线电能表的圆盘转速与被测电路的三相无功功率成正比，故可正确计量无功电能。还可证明，不论三相负荷是否平衡，均能正确计量三相三线电路的无功电能。但应指出，它不能计量三相四线电路中的无功电能，且计量三相三线电路无功电能时，三相电压仍需对称或只为简单不对称时才能准确计量，否则将产生附加误差。

四、三相三线电路中典型联合接线图

三相三线电路中典型联合接线图分别如图 5 - 16～图 5 - 24 所示。

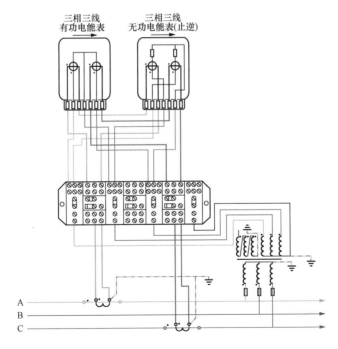

图 5 - 16　3～10kV 计量有功及感性无功电能，电流分相接线方式接线图

装表接电

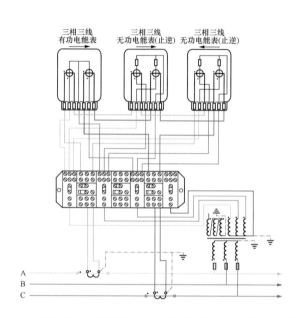

图 5-17 3~10kV计量有功及感性、容性无功电能，电流分相接线方式接线图

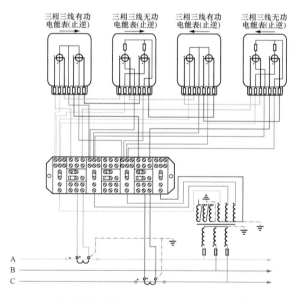

图 5-18 3~10kV计量受进、送出电能，电流分相接线方式接线图

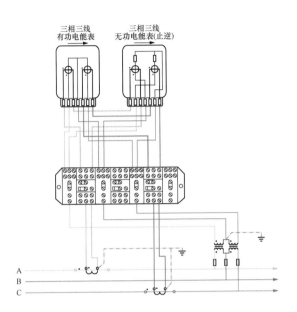

图 5-19 3~35kV计量有功及感性无功电能，电流分相接线方式接线图

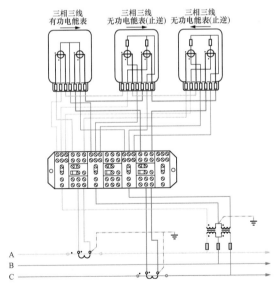

图 5-20 3~35kV计量有功及感性、容性无功电能，电流分相接线方式接线图

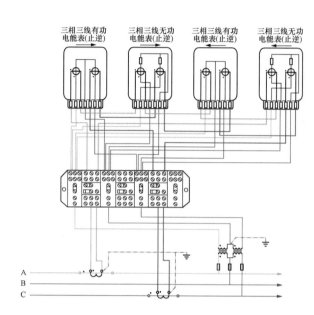

图 5-21 3~35kV 计量受进、送出电能，电流分相接线方式接线图

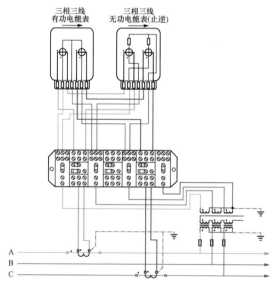

图 5-22 3~35kV 计量有功及感性无功电能，电流分相接线方式接线图

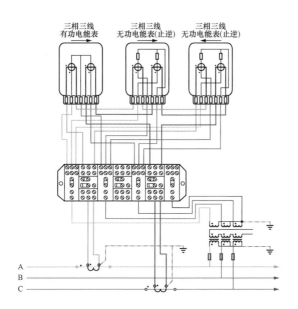

图 5 - 23   3～35kV 计量有功及感性、容性无功电能，电流分相接线方式接线图

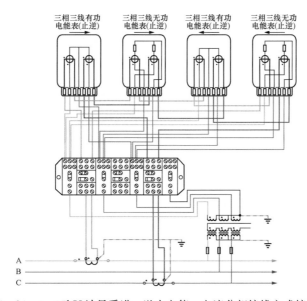

图 5 - 24   3～35kV 计量受进、送出电能，电流分相接线方式接线图

装
表
接
电

任务二　三相三线电能表 U 相接线

【任务描述】

本模块认知三相三线电能表、采集终表尾计量回路及假表尾端钮结构；学习三相三线电能表 U 相接线步骤、接线技巧及接线过程中需要注意的事项，完成 U 相正确、规范接线。

一、三相三线电能表和采集终端表尾计量回路端钮认知

1. 三相三线电能表表尾计量回路端钮

三相三线电能表表尾计量回路端钮如图 5 - 25 所示。

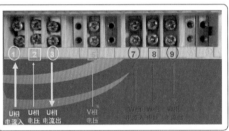

图 5 - 25　三相三线电能表表尾计量回路端钮

功能介绍：该多功能电能表可计量各个方向的有功、无功电量及需量，并具有单/双通道 RS - 485 通信、手动与红外停电唤醒、负荷记录等功能，性能稳定，准确度高，操作方便。

2. 三相三线采集终端计量回路端钮

三相三线采集终端计量回路端钮如图 5 - 26 所示。

功能介绍：具备控制、状态量采集、模拟量采集、RS - 485 抄表、电表

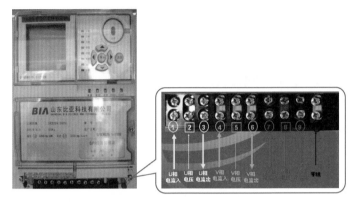

图 5-26 三相三线采集终端表尾计量回路端钮

有功及无功输出等功能接口，同时集成了交流采样、谐波测量及电流互感器开路、短路检测等功能。

3. 三相三线电能表假表尾端钮结构

在接线过程中，为保证电能表及专变采集终端端钮使用寿命，用假表尾代替真正端钮。假表尾端钮结构如图 5-27 所示。

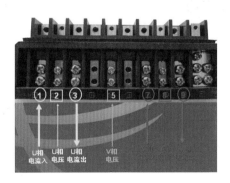

图 5-27 三相三线电能表假表尾端钮结构

由图 5-25～图 5-27 可以看出，三相三线电能表、三相三线采集终端及电能表假表尾具有相同的表尾端钮标号，每个标号所代表的意义也是相同的。其中，1、3、7、9 是电流端钮，2、5、8 是电压端钮，123 对应 U 相，5 对应 V 相，789 对应 W 相。具体如下：

（1）1 号端钮：U 相电流接入；

（2）3 号端钮：U 相电流接出；

（3）7 号端钮：W 相电流接入；

（4）9 号端钮：W 相电流接出；

（5）2 号端钮：U 相电压接入；

（6）5 号端钮：V 相电压接入；

（7）8 号端钮：W 相电压接入。

二、第一步

接 1 根线：三相三线电能表 U 相电流出到采集终端 U 相电流入（第一根线）。

接线步骤及要求与三相四线电能表 U 相电流出到采集终端 U 相电流入一致（学习情景三中任务三），导线两端分别接入电能表假表尾 3 号端子和采集终端假表尾 1 号端子，如图 5-28～图 5-30 所示。

图 5-28　电流线接入电能表　　　　图 5-29　电流线接入采集终端

假表尾 3 号端子　　　　　　　　　假表尾 1 号端子

三、第二步

接 2 根线：三相三线电能表和采集终端 U 相电压线。

接线步骤及要求与三相四线电能表和采集终端 U 相电压线一致（学习情景三中任务三）。

图 5-30　三相三线电子式电能表 U 相电流出到采集终端 U 相电流入

1. 三相三线电能表 U 相电压入（第二根线）

导线两端分别接入电能表假表尾 2 号端子和试验接线盒 U 相电压端子上方孔 1，如图 5-31～图 5-33 所示。

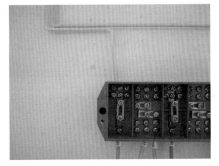

图 5-31　电压线接入电能表
假表尾 2 号端子

图 5-32　电压线接入试验接线
盒 U 相电压端子上方孔 1

2. 三相三线采集终端 U 相电压入（第三根线）

导线两端分别接入采集终端假表尾 2 号端子和试验接线盒 U 相电流端子上方孔 3，如图 5-34～图 5-36 所示。

保证第二根、第三根线要做到在竖直和水平方向都与第一根线平行。

图 5 - 33　三相三线电能表 U 相电压入

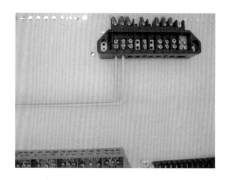

图 5 - 34　电压线接入采集终端
假表尾 2 号端子

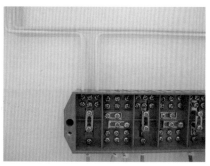

图 5 - 35　电压线接入试验接线
盒 U 相电压端子上方孔 3

图 5 - 36　三相三线采集终端 U 相电压入

四、第三步

接2根线：三相三线电能表U相电流入和采集终端U相电流出。

接线步骤及要求与三相四线电能表U相电流入和采集终端U相电流出完全一致（学习情景三中任务三）。

1. 三相三线电能表U相电流入（第四根线）

导线两端分别接入电能表假表尾1号端子和试验接线盒U相电流端子上方孔1，如图5-37～图5-39所示。

图5-37　电流线接入电能表
假表尾1号端子

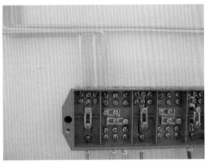

图5-38　电流线接入试验接线
盒U相电流端子上方孔1

图5-39　三相三线电能表U相电流入

2. 三相三线采集终端 U 相电流出（第五根线）

导线两端分别接入终端假表尾 3 号端子和试验接线盒 U 相电流端子上方孔 3，如图 5-40～图 5-42 所示。

图 5-40　电流线接入采集终端　　　　图 5-41　电流线接入试验接线

假表尾 3 号端子　　　　　　　　盒 U 相电流端子上方孔 3

保证第四根、第五根线在竖直和水平方向分别与第二根、第三根线平行。

图 5-42　三相三线采集终端 U 相电流出

任务三　三相三线电能表 V 相接线

【任务描述】

本模块学习三相三线电能表 V 相接线步骤、接线技巧及接线过程中需要注意的事项，完成 V 相正确、规范接线。

接 2 根线：三相三线电能表和采集终端 V 相电压线。

接线步骤及要求与三相四线电能表和采集终端 V 相电压线一致（学习情景三中任务四）。

1. 三相三线电能表 V 相电压入（第六根线）

导线两端分别接入电能表假表尾 5 号端子和试验接线盒 V 相电压端子上方孔 1，如图 5 - 43～图 5 - 45 所示。

图 5 - 43　电压线接入电能表
假表尾 5 号端子

图 5 - 44　电压线接入试验接线
盒 V 相电压端子上方孔 1

图 5 - 45　三相三线电能表 V 相电压入

2. 三相三线采集终端 V 相电压入（第七根线）

导线两端分别接入采集终端假表尾 5 号端子和试验接线盒 V 相电压端子

上方孔 3，如图 5-46～图 5-48 所示。

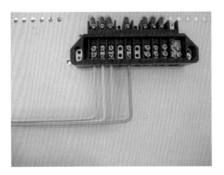

图 5-46　电压线接入采集终端
假表尾 5 号端子

图 5-47　电压线接入试验接线
盒 V 相电压端子上方孔 3

保证第六根、第七根线要做到在竖直和水平方向与第一根线平行。

图 5-48　三相三线采集终端 V 相电压入

任务四　三相三线电能表 W 相接线

【任务描述】

本模块学习三相三线电能表 W 相接线步骤、接线技巧及接线过程中需要注意的事项，完成 W 相正确、规范接线。

一、第一步

接 1 根线：三相三线电能表 W 相电流出到采集终端 W 相电流入（第八根线）。

接线步骤及要求与三相四线电能表 W 相电流出到采集终端 W 相电流入一致（学习情景三中任务五）。

导线两端分别接入电能表假表尾 9 号端子和采集终端假表尾 7 号端子，如图 5-49～图 5-51 所示。

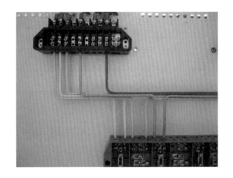

图 5-49　电流线接入电能表
假表尾 9 号端子

图 5-50　电流线接入采集终端
假表尾 7 号端子

图 5-51　三相三线电能表 W 相电流出到采集终端 W 相电流入

二、第二步

接 2 根线：三相三线电能表和采集终端 W 相电压线。

接线步骤及要求与三相四线电能表和采集终端 W 相电压线一致（学习情景三中任务五）。

1. 三相三线电能表 W 相电压入（第九根线）

导线两端分别接入电能表假表尾 8 号端子和试验接线盒 W 相电压端子上方孔 1，如图 5-52～图 5-54 所示。

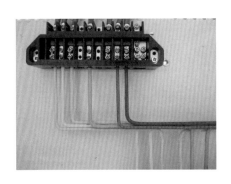 

图 5-52　电压线接入电能表　　　　图 5-53　电压线接入试验接线

假表尾 8 号端子　　　　　　　　盒 W 相电压端子上方孔 1

图 5-54　三相三线电能表 W 相电压入

2. 三相三线采集终端表 W 相电压入（第十根线）

导线两端分别接入采集终端假表尾 8 号端子和试验接线盒 W 相电压端子上方孔 3，如图 5 - 55～图 5 - 57 所示。

图 5 - 55　电压线接入采集终端
假表尾 8 号端子

图 5 - 56　电压线接入试验接线
盒 W 相电压端子上方孔 3

图 5 - 57　三相三线采集终端 W 相电压入

三、第三步

接 2 根线：三相三线电能表 W 相电流入和采集终端 W 相电流出。

接线步骤及要求与三相四线电能表 W 相电流入和采集终端 W 相电流出一致（学习情景三中任务五）。

1. 三相三线电子式电能表 W 相电流入（第十一根线）

导线两端分别接入电能表假表尾 7 号端子和试验接线盒 W 相电流端子上方孔 1，如图 5-58～图 5-60 所示。

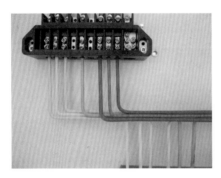 

图 5-58　电流线接入电能表　　　　图 5-59　电流线接入试验接线

假表尾 7 号端子　　　　　　　　盒 W 相电流端子上方孔 1

图 5-60　三相三线电能表 W 相电流入

2. 三相三线采集终端 W 相电流出（第十二根线）

导线两端分别接入采集终端假表尾 9 号端子和试验接线盒 W 相电流端子上方孔 3，如图 5-61～图 5-63 所示。

图5-61 电流线接入电能表　　　　图5-62 电流线接入试验接线

假表尾9号端子　　　　　　　　盒W相电流端子上方孔3

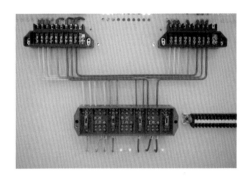

图5-63 三相三线采集终端W相电流入

任务五　电能计量装置装换工作单填写

【任务描述】

本模块要求学员能够将电能表、互感器及客户信息等内容正确、规范填入电能计量装置装换工作单，并认识到填写工作单的重要性，培养学员认真、踏实的工作作风。

实际工作中，在去客户现场装表之前，工作人员需要领取工作单。根据需要，在装表结束后，填写相关信息，并需要客户签字确认。工作单的填写非常重要，工作单记录了客户和电能计量装置的信息，如果记录错误或不规范，将会直接影响到电费的回收工作。

单位写安装电能表的供电公司名称；在实际工作中，工作单编号在领取时已经由系统统一打印，可不填写。电能计量装置装换工作单见表 5-1。

一、计量点信息

（1）计量类别：要掌握五类计量类别。注意：填写要规范，数字不得使用阿拉伯数字、汉字等。

（2）客户名称：用电客户的名称。

（3）客户地址：用电客户的地址。

（4）计量点地址：电能表安装地点的地址。

（5）联系人：用电客户的姓名。

（6）电话：用电客户的电话。

（7）电压等级：0.4kV 或 10kV（注意不能写成 400V 或 10000V，更不能写成 380V，因为电压等级中没有 380V）。

二、计量装置信息

1. 电能表（装出表计）

（1）资产编号：电能表是供电公司的资产，供电公司对电能表进行编号。

（2）出厂编号：在电能表出厂时，生产厂家对其进行的编号。

（3）型号、等级、电流：这些信息在电能表的的铭牌上都有标注，请自行查找，并规范填写。

（4）总起码、峰起码：这些信息需要通过电能表的上翻、下翻键查询（注意：有功或无功示数每一位都不能省略，并且字迹要清晰）。

表 5-1 电能计量装置装换工作单

单位　　　　　　　　　　　　　　工作单编号

客户编号		计量点			计量类别					
客户名称					联系人					
客户地址					电　话					
计量点地址					计量箱号		工作原因		新装	
线路名称					电压等级					

<table>
<tr><td rowspan="5">装出表计</td><td>资产编号</td><td>型号</td><td>出厂编号</td><td>等级</td><td>电流</td><td>总起码</td><td>峰起码</td><td>谷起码</td><td>平起码</td><td>无功起码</td><td>综合倍率</td></tr>
<tr><td></td><td></td><td></td><td></td><td></td><td></td><td></td><td></td><td></td><td></td><td></td></tr>
<tr><td></td><td></td><td></td><td></td><td></td><td></td><td></td><td></td><td></td><td></td><td></td></tr>
<tr><td></td><td></td><td></td><td></td><td></td><td></td><td></td><td></td><td></td><td></td><td></td></tr>
<tr><td></td><td></td><td></td><td></td><td></td><td></td><td></td><td></td><td></td><td></td><td></td></tr>
<tr><td rowspan="3">装出TA</td><td>资产编号</td><td>型号</td><td>出厂编号</td><td>等级</td><td>额定电压</td><td>相别</td><td>变比</td><td></td><td></td><td></td><td></td></tr>
<tr><td></td><td></td><td></td><td></td><td></td><td></td><td></td><td></td><td></td><td></td><td></td></tr>
<tr><td></td><td></td><td></td><td></td><td></td><td></td><td></td><td></td><td></td><td></td><td></td></tr>
<tr><td rowspan="2">装出TV</td><td></td><td></td><td></td><td></td><td></td><td></td><td></td><td></td><td></td><td></td><td></td></tr>
<tr><td></td><td></td><td></td><td></td><td></td><td></td><td></td><td></td><td></td><td></td><td></td></tr>
<tr><td>备注</td><td></td><td></td><td></td><td></td><td></td><td></td><td></td><td></td><td></td><td></td><td></td></tr>
</table>

工作人员　　　　　　　装表计量柜号：　　　　　　客户签字

　　　　　　　　　　　　　　　安装日期　　年　　月　　日

（5）综合倍率：电压互感器和电流互感器变比的乘积（注意：没有单位）。

2. 互感器（装出 TA、TV）

（1）型号、变比、额定电压都在铭牌上有明确标注（注意：变比不带单位）。

（2）等级：互感器可能有几个准确度等级，要选择计量绕组的等级（第一个绕组）。

（3）资产编号：供电公司对其所属资产（电流互感器）的编号。

（4）出厂编号：生产厂家对其生产产品（电流互感器）的编号。

（5）电流互感器相别：本台电流互感器安装在哪一相上（U 相、V 相或 W 相，注意：相别一定要和出厂编号、资产编号对应）。

（6）电压互感器相别：因为每台电压互感器都与两相接线，所以与 U 相和 V 相相连的电压互感器应写 UV；与 V 相和 W 相相连的电压互感器应写 WV（注意：应为 V 相接地，按照高压在前，低压在后的原则，V 应写在后面）。

三、其他信息

（1）工作人员：装表人员。

（2）装表计量柜号：计量培训柜编号。

（3）客户签字：客户对工作单信息认可后，签字。

（4）安装日期：装表日期。

【小结】

在没有中性线的三相三线系统中，$\dot{i}_U + \dot{i}_V + \dot{i}_W = 0$，因此可采用只有两相电流的三相三线计量方式计量三相有功电能。三相三线有功电能表有直接接入式、经互感器接入式两种接线方式。

三相三线电子式电能表、三相三线采集终端及电能表假表尾具有相同的表尾端钮标号，每个标号所代表的含义相同。

三相三线电能表接线按照 U 相、V 相、W 相的顺序进行操作，导线选择要正确，工具使用要合理，保证每个端子的螺钉都压到导线金属部分，保证导线金属不外露，同时还要注意接线工艺，保证导线分层分色、合理美观。

注意比较三相三线与三相四线电能表接线的相同点及不同点。

工作单的填写非常重要，工作单记录了客户和电能计量装置的信息，如果记录错误或不规范，将会直接影响到电费的回收工作。

【练习题】

1. 请画出单相电能表正确接线时相量图。

2. 请画出三相三线有功电能表在感性负荷时的相量图，并写出正确接线时的功率计算公式。

3. 请画出三相三线（二元件）相位差 60°型无功电能表的相量图，并写出正确接线时的功率计算公式。

4. 三相三线电子式电能表表尾端钮标号各代表什么？

5. 请简述 10kV 电能计量装置柜前接线实训操作步骤。

电能计量装置施工方案及现场作业要求

【学习情境描述】

电能计量装置施工方案及现场作业要求学习情境分为电能计量点的设置及计量方式、电能计量装置分类及配置要求、电能计量装置的选择、电能计量装置安装要求及电能计量装置的竣工验收五部分内容。

【教学目标】

1. 掌握确定电能计量点的基本原则和电能计量方式的类型；

2. 掌握电能计量装置的分类标准和及配置要求；

3. 掌握电能计量装置的各项选择要求；

4. 掌握电能计量装置安装过程中的各项要求；

5. 掌握电能计量装置竣工验收内容。

任务一 电能计量点的设置及计量方式

【任务描述】

本模块学习电能计量点设置的基本原则和电能计量方式的类型。

一、电能计量点的设置

电能计量点是指输、配电线路中装接电能计量装置的位置。在电网中若电能计量点设置不当，便不能准确计算发、供、用电电量，给供电企业的经营工作带来较严重的负面影响。1个计量点一般只装设1套电能计量装置，但根据计量的重要性也可装设2套计量装置。

确定电能计量点的基本原则按照《供用电营业规则》第七十四条：用电计量装置原则上应装在供电设施的产权分界处。如产权分界处不适宜装表的，对专线供电的高压用户，可在供电变压器出口装表计量；对公用线路供电的高压用户，可在用户受电装置的低压侧计量。当用电计量装置不安装在产权分界处时，线路与变压器损耗的有功与无功电量均须由产权所有者负担。

（1）高压客户的电能计量，计量点的电压等级应尽可能与供电电压相符。变压器容量为315kV及以上用户的计量宜采用高供高计。其计量点的选择可以有2种方案：

1）计量点设在用户变电站的电源进线处，有几路电源安装几套计量装置，这种方案较适合按最大需量计收基本电费的用户。

2）对于一个变电站内有多台主变压器的用户，也可以在每台主变压器的高压侧安装1套计量装置，这种方案较适用于按变压器容量计收基本电费的用户。

对35kV公用配电网，供电容量在500kVA以下的，或10kV供电容量在315kVA以下的，可在低压侧计量，即采用高供低计方式。

（2）110kV及以上电压等级供电的电力用户，宜装设分体电能计量柜；6～10kV电压等级供电的电力用户，应安装整体式电能计量柜（或高压计量箱）；35kV电压等级供电的电力用户，视整个变电站配电装置的安装情况，选用相应的整体式或分体式电能计量柜。

（3）当采用整体式计量柜时，若屋内配电装置为成套开关柜，则计量柜宜布置在进线柜之后（即第二柜）；若配电间不设进线断路器，而采用屋外跌落式熔断器方式，则计量柜宜布置在第一柜。为了合理计量电压互感器损耗，高压计量装置的电压互感器应装设在电流互感器的负荷侧。

（4）低压用户和居民用户的计量点应设置在进户线附近的适当位置。

（5）变电站（所）的计量点应设置在所有输入电能线路的入口处和所有输出电能线路的出口处，以满足准确计量输入的全部电能和输出的全部电能。在变电站（所）内部用电的线路或变压器上也应设置计量点，以便准确计算内部用电量，以此为计算母线电量不平衡度、变压器损耗电能和输电线路损耗电能提供准确数据。

（6）发电厂每一台发电机发出的电量、每一条线路送给电网的供电量和电厂内的自用电量均应设置相应的计量点，为电厂的经营管理和成本核算创造必要条件。

二、电能计量方式的类型

电能计量方式与供电方式和电费管理制度有关，因而世界各国的电能计量方式也有少量差异。我国目前的主要计量方式有：

（1）单相供电的用户装设单相电能计量装置，三相供电的用户装设三相电能计量装置。用户单相供电容量超过 10kW 时，宜采用三相供电。

（2）实行两部制电价的用户，当受电变压器负荷率约在 67％ 及以上时，应装设最大需量表或有计量最大需量功能的多功能电能表。

需量表有区间式和滑差式两种。滑差式需量表的原理是在设定的需量周期（如 15min）内，以小于该周期 1/5 的时间（如 1min）递推来测量每需量周期内的平均功率，能较真实地捕捉用户实际负荷。因此，对负荷变化大的用电单位，宜用滑差式需量表。

（3）对须考核用电功率因数的用户，应装设 2 只具有止逆装置的感应式无功电能表或 1 只可计量感性无功和容性无功的静止式无功电能表；需要供、受电双向计量时，应分别装设 2 只具有止逆装置的感应式无功电能表或 1 只可计量感性无功和容性无功的静止式无功电能表，也可装设 1 只四象限多功能电能表（即有功正、反向；无功正向感性、容性；无功反向感性、容性）。

《功率因数调整电费办法》规定用户功率因数的计算公式为

$$\cos\varphi = \frac{P}{\sqrt{(\mid Q_L \mid + \mid Q_C \mid)^2 + P^2}}$$

感性无功 Q_L 和容性无功 Q_C 的传送方向是相反的，计算时应采用绝对值相加。因此无功电能表应当止逆。同理静止式无功电能表的感性无功 Q_L 和容性无功 Q_C 也应设置成绝对值相加的计量方式。四象限多功能电能表中的无功计量方式也按上述原则设置。

（4）低压供电线路的负荷电流为 50A 及以下时，宜采用直接接入式电能表；低压供电线路的负荷电流为 50A 以上时，宜采用经电流互感器接入式的接线方式。

实践证明，由于电能表的结构质量限值，直接接入式电能表的额定最大电流超过 60A 时，接线盒进表线不易固牢，形成接触电阻，大电流通过时会产生较大热量，从而又使接触电阻加大，如此恶性循环，造成大容量电能表接线端子过热受损。

（5）实行分时电价的用户和要考核负荷曲线的并网小水、火电站，应装设具有分时计量功能的复费率电能表或多功能电能表。

（6）带有数据通信接口的电能表，其通信规约应符合 DL/T 645 的要求。

当需要进行数据传输时，应装设 RS－232 和 RS－485 串行接口。由于脉冲在数据传输过程中可能会产生丢失现象，而 RS－232 接口只能一对一，即 1 台设备只能与 1 台设备通信，且通信距离又接近，只能达到十几米，因此一般情况下应尽可能不采用 RS－232 接口。RS－485 接口有一对多的特性，即 1 台设备可与多台设备联网通信，且传输距离较远，可达 1km 以上，因此需要多点通信时，应选择 RS－485 接口。

（7）有 2 路及以上线路分别来自 2 个及以上的供电点，或有 2 个及以上受电点的用户时，应分别装设电能计量装置。

（8）用户的 1 个受电点内若有不同用电类型的用电，应按照国家电价分类，分别安装计费用电能计量装置。在用户受电点内难以按用电类别分别装表时，可安装计费总表，采用其他方式分算电费。

（9）对有供、受电量的地方电网和有自备电厂的用户，应在并网点分设计量供、受电量的电能计量装置或采用四象限计量有功电能、无功电能的电能表等。

（10）城镇居民生活用电，可根据居住情况，装设专用或公用计费电能表。装设公用计费表的各用户，可自行装设分户电能表，此时低压装表接电人员应在技术上给予指导。用户临时用电，应装设临时计费电能表。

任务二　电能计量装置分类及配置要求

【任务描述】

本模块学习电能计量装置的分类标准；学习准确度、接线方式和计量回路要求；学习电能表、互感器的具体配置要求。

一、电能计量装置分类

根据 DL/T 448—2000《电能计量装置技术管理规程》，按照计量电量多少和计量对象的重要程序将电能计量装置分为以下 5 类：

（1） I 类电能计量装置。月平均用电量 500 万 kWh 及以上或变压器容量为 10000kVA 及以上的高压计费用户、200MW 及以上发电机、发电企业上网电量、电网经营企业之间的电量交换点、省级电网经营企业与其供电企业的供电关口计量点的电能计量装置。

（2） II 类电能计量装置。月平均用电量 100 万 kWh 及以上或变压器容量为 2000kVA 及以上的高压计费用户、100MW 及以上发电机、供电企业之间的电量交换点的电能计量装置。

（3） III 类电能计量装置。月平均用电量 10 万 kWh 及以上或变压器容量为 315kVA 及以上的计费用户、100MW 以下发电机、发电企业厂（站）用电量、供电企业内部用于承包考核的计量点、考核有功电量平衡的 110kV 及以上的送电线路电能计量装置。

（4）Ⅳ类电能计量装置。负荷容量为 315kVA 以下的计费用户、发供电企业内部经济技术指标分析、考核用的电能计量装置。

（5）Ⅴ类电能计量装置。单相供电的电力用户计费用电能计量装置。

二、电能计量装置的配置要求

1. 计量器具的准确度要求

各类电能计量装置应配置的电能表和互感器的准确度等级不低于表 6-1 的要求。

表 6-1　　　　　　　　　　电能表和互感器的准确度等级

电能计量装置类别	准确度等级			
	有功电能表	无功电能表	电压互感器	电流互感器
Ⅰ	0.2S 或 0.5S	2.0	0.2	0.2S 或 0.2
Ⅱ	0.5S 或 0.5	2.0	0.2	0.2S 或 0.2
Ⅲ	1.0	2.0	0.5	0.5S
Ⅳ	2.0	3.0	0.5	0.5S
Ⅴ	2.0	—	—	0.5S

在表 6-1 中，S 级电能表与普通电能表的主要区别在于小电流时的特性不同。普通电能表对 5% 标定电流以下没有误差要求，而 S 级电能表在 1% 标定电流时误差也能满足要求，提高了电能表轻负荷的计量特性。0.2 级电流互感器仅在负荷比较稳定的发电机出口电能计量装置中配用，其他均采用 S 级电流互感器。S 级电流互感器与普通电流互感器相比，最大区别在于 S 级电流互感器在低负荷时的误差特性比普通的更好。S 级计量器具的出现，有力地改善了负荷变化及季节性负荷、冲击性负荷、轻负荷的计量特性，尤其在目前用电企业经营状况波动大的情况，对确保供用电双方的利益起到了良好的作用。

单机容量在 100MW 及以上发电机组上网贸易结算电量的电能计量装置和电网经营企业之间购销电量的电能计量装置，宜配置准确度等级相同的主、副 2 套有功电能表。

2. 接线方式的要求

计量装置的接线方式取决于电力系统一次侧中性点的接地方式。接地方式分为中性点有效接地和中性点非有效接地。中性点非有效接地系统包括中性点绝缘系统和中性点补偿系统，中性点补偿系统中又包括电抗器接地系统和电阻（高阻、中阻）接地系统。

对于计量装置，无论是中性点直接接地或补偿设备接地，当三相不平衡时，中性点都会流动不平衡电流，对这种接地系统若采用三相三线计量方式，就会产生计量误差。而对中性点不接地的绝缘系统，在任何情况下中性点都不会产生不平衡电流，可采用三相三线计量方式。因此，对电能计量系统而言，接地方式以绝缘系统和非绝缘系统来划分。

（1）中性点绝缘系统，有功电能表、无功电能表采用三相三线接线方式。

（2）中性点非绝缘系统，有功电能表、无功电能表采用三相四线接地方式，也可采用 3 只无止逆的单相电能表的接线方式。

（3）对中线点绝缘系统，当为 3 台单相互感器时，66kV 及以上系统可采用 Y—Y 接线方式；66kV 以下系统，可采用 V—V 接线方式。对中性点非绝缘的 3 台单相电压互感器，可采用 YNyn 接线方式。

（4）低压供电系统，负荷电流不大于 50A 时，可采用直接接入式电能表；负荷电流大于 50A 时，可采用经电流互感器的接入方式。

（5）电流互感器二次回路推荐采用分相的 4 线或 6 线连接。

3. 计量回路的要求

（1）Ⅰ、Ⅱ、Ⅲ类贸易结算用电能计量装置应按计量点配置计量专用电压、电流互感互感器或者专用二次绕组。电能计量专用电压、电流互感器或专用二次绕组及其二次回路不得接入与电能计量无关的设备。

（2）35kV 以上贸易结算用电能计量装置中，电压互感器二次回路应不装设隔离开关辅助接点，但可装设熔断器；35kV 以下贸易结算用点能计量装置中电压互感器二次回路，应不装设隔离开关辅助接点和熔断器。

（3）Ⅰ、Ⅱ类用于贸易结算的电能计量装置中电压互感器二次回路电压降应不大于其额定二次电压的 0.2%；其他电能计量装置中电压互感器二次回路电压降应不大于其额定二次电压的 0.5%。

（4）互感器二次回路的连接导线应采用铜质单芯绝缘线。对于电流二次回路，连接导线截面积应按电流互感器的额定二次负荷计算确定，至少应不小于 $4mm^2$；对于电压二次回路，连接导线截面积应按允许的电压降计算确定，至少应不小于 $2.5mm^2$。

（5）测量用电压互感器二次绕组应有一个接地点。中性点有效接地系统采用中性点一点接地；中性点非有效接地系统 V 形接线应采用 V 相一点接地。

（6）测量用电流互感器二次绕组应有一个接地点，并应在配电装置处接地。

（7）未配置计量屏（箱）的互感器二次回路的所有接线端子、试验端子应能施加封印。

三、电能计量装置的合理配置

1. 电流互感器的配置

（1）电流互感器铭牌的额定电压应与被测线路的一次电压相对应。

（2）电流互感器额定一次电流的确定，应保证其在正常运行中的实际负荷电流达到额定值的 60%，至少应不小于 30%。否则应选用动、热稳定性高的电流互感器以减小误差。

电流互感器的误差随负荷电流的变化而变化，它应是一个动态的计量装置，不是一次配置好后就不变的。应该经常随负荷的季节性、负荷的高峰和低谷时段，做到随时检查，并根据测试结论和实施的可行性进行相应调整。

（3）电流互感器实际二次负荷应在下限负荷至额定负荷范围内，在选择额定容量时，要计算每相负荷，必须分析互感器的接线情况。

（4）电流互感器额定二次负荷的功率因数应为 0.8～1.0；电压互感器额定二次功率因数应与实际二次负荷的功率因数接近。

2. 电压互感器的配置

（1）电压互感器的额定电压与被测线路的一次电压相对应。电压互感器一次绕组额定电压应大于接入的被测电压的 0.9 倍，小于接入的被测电压的 1.1 倍。

（2）三相四线制的电压互感器二次电压通常为 $\dfrac{100}{\sqrt{3}}$ V、三相三线制的电压互感器二次电压为 100V。

（3）电压互感器实际二次负荷应在 25％～100％额定二次负荷范围内。在选择额定容量时，要结合互感器的接线情况来计算每相负荷。

3. 电能表的配置

（1）为提高在负荷变化时计量的准确性，应选用过负荷 4 倍及以上的电能表。

（2）经电流互感器接入的电能表，其标定电流宜不超过电流互感器额定二次电流的 30％，其额定最大电流约为电流互感器额定二次电流的 120％。直接接入式电能表的标定电流应按正常运行负荷电流的 30％左右进行选择。

（3）具有正、反向送电的计量点应装设可计量正、反向有功和四象限无功电流的电能表。

4. 计量装置的合理配对

根据互感器误差合理选配误差合适的电能表，即根据互感器误差的情况，选配误差相反的电能表，以减小计量装置的综合误差。

计量装置的配置是一个综合性的问题，应根据负荷电压等级、额定功率的大小，科学选用互感器和电能表的量程和准确度。电能计量装置配置的好与坏、准确度的高与低，将直接影响供电企业的线损分析和经济效益。

任务三　电能计量装置的选择

【任务描述】

本模块学习电能表、互感器、二次回路及计量柜的选择要求。

一、电能表的选择

（1）电能表的容量用基本电流（标定电流）I_b 表示，电能表基本电流 I_b 按以下方法确定：

1）直接接入电能表，其基本电流（标定电流）应根据额定最大电流和过负荷倍数确定。其中额定最大电流按经核准的用户申请报装负荷容量计算电流确定。

过负荷倍数的确定：对正常运行中的电能表，实际负荷电流达到额定最大电流的 30% 以上的，宜选用过负荷 2 倍及以上的电能表；为提高低负荷计量的准确性，负荷电流低于 30% 的，应选用过负荷 4 倍及以上的电能表。

2）电流互感器额定二次电流一般有 5A 和 1A 两种。以 5A 为例，在选择经互感器接入式电能表基本电流（标定电流）时，可以先计算其取值范围 5A 的 30% 为 1.5A，电能表最大额定电流的取值范围 5A 的 120% 为 6A，则可选择 1.5（6）A 的电能表。当互感器额定二次电流为 1A 时，其基本电流（标定电流）可采用 0.3（1.2）A 或 1A。负荷变动较大的用户则推荐选用 S 级电能表。

一般应保证：最大负荷电流不超过电能表额定最大电流，经常性负荷电流，应不低于电能表基本电流（标定电流）的 20%。

（2）电能表的额定电压，应与供电线路电压相适应，否则将无法正确计量。

（3）电能表应在准确度及功能方面满足生产和营销的需要。电能表应选用符合国家标准、并经有关部门鉴定质量优良、准许进入电力系统的产品，应淘汰使用年久、绝缘老化、功能不能满足要求的电能表。

随着用电信息采集系统建设，个别单相居民用户反映：新装的表计比原表"跑得快"，主要原因及分析如下：

1）原表部分是 20 世纪七八十年代生产的 DD28 型机械表，由于当时的设计及生产工艺较落后，造成表计质量、灵敏度、准确度都较低，随着长时间带电运行，机械磨损增大，表计越走越慢。

2）新安装的智能电表比机械表灵敏、准确，小电流下可准确计量。

3）新安装的智能电表过负荷倍数较大，大负荷冲击电流下也可准确计量。

由此可见，并非新装的表计比原表"跑得快"，而是新装的表计比原表计的准。当然，也不排除个别表计由于质量问题确实有"跑得快"的情况存在。

（4）新购入单相电能表一般应使用智能电能表。对于具备光纤通信网络的环境，可选用不带载波功能的远程费控智能电能表；对于最大电流大于 60A 的直接式电能表负荷开关应采用外置方式。

二、互感器的选择

（1）电流互感器额定一次电流的确定，应保证其在正常运行中的实际负荷电流达到额定值的 60% 左右，至少应不少于 30%。否则应选用高动热稳定电流互感器，以减小变化。

按照 JJG 313—2010《测量用电流互感器》规程规定，0.2 级和 0.5 级 TA 在 $20\% I_e$ 时比差各为 0.35% 和 0.75%，达不到 0.2% 及 0.5% 的要求，因此规定在选用 TA 时，正常运行的一次侧电流不得低于 30%。

（2）二次侧额定电流必须与电能表额定值对应。

（3）实际二次负荷必须在互感器额定负荷的 25%～100% 的范围内。若互感器接入二次负荷超过额定值时，则其准确度等级下降。

同一组电流互感器应采用制造厂、型号、额定电流比、准确度等级、二次容量均相同的互感器。不宜使用可任意改变一次绕组匝数以改变变比的穿芯式电流互感器（一次绕组制造厂已固定好或一次只绕一匝的穿芯式电流互感器除外）及变压器套管型电流互感器。

穿芯式电流互感器因无一次绕组接头已被广泛采用，但如用改变一次匝数的办法来改变变化，常造成管理上的混乱，且运行的准确度较难保证，故不宜采用；变压器套管 TA 系装于变压器内部，不便保护，且运行状况受变压器磁场影响，也不宜采用。

（4）电压互感器的额定电压，应与供电线路电压相适应，否则将无法正确计量。

（5）电压、电流互感器应选用符合标准，并经有关部门鉴定质量优良，准许进入电力系统的产品。

（6）按规程要求，Ⅰ类计量装置应配置 0.2S 级的电流互感器，当电流互感器至电能表距离较长时，建议采用二次额定电流为 1A 的电路互感器，以便于适应二次回路阻抗较大的情况。

用不断加大互感器二次回路导线截面积的办法来减小误差，是在设备就位后不得已采取的办法，并不可取。因为它不仅使改造、测试工作较为烦琐，而且因导线太粗给二次端子连线带来困难，还增加了不必要的费用。

（7）对一年当中负荷随季节变化较大的用户，宜采用二次侧有抽头、变比可以改变的电流互感器。

三、二次回路的选择

（1）二次回路必须使用铜质单芯绝缘导线，转动部分必须有足够长的裕度。

（2）35kV 以上电压互感器一次侧安装隔离开关，二次侧安装快速熔断器或快速开关。35kV 及以下电压互感器一次侧安装快速熔断器，二次侧不允许装接熔断器。因为熔断器、切换开关及导线接头存在较大的接触电阻，且常随接触的紧密度和接触面是否洁净而有变化，尤其当运行期较长时，阻值都有增加，使计量准确性得不到保证。

（3）Ⅲ类及以上计量装置的二次回路中，宜装有能加封的专用接线端子盒，安装位置应便于现场带电工作。

电能表专用接线盒应具有符合现场校表（不漏计电量）、带负荷换表、防窃电三种功能，要求其性能是阻燃、耐压强度高（各端子间应能承受交流2500V、1min）、绝缘电阻高（用1000V绝缘电阻表，绝缘电阻值不小于30MΩ）、通流容量大（电流回路连接片通10A、电压回路连接片通5A情况下能可靠断开或闭合），并要求热稳定性能达到相应的规定值。

四、计量柜（屏、箱）的选择

（1）计量柜（屏、箱）的设计符合国家有关标准、电力行业标准及有关规程对电能计量装置的要求。

（2）电能计量装置，应具有可靠的防窃电措施。电能表、互感器及二次回路，必须安装在封闭可靠的电能计量柜（屏、箱）内。计量装置电源进线，必须采用电缆或穿管绝缘导线，且不得有破口或裸露部分。

（3）计量柜（屏、箱）内，应留有足够的空间来安装电能表、互感器及一次、二次接线，并使其保持足够的安全距离及操作空间距离。

（4）计量柜（屏、箱）内电能表、互感器的安装位置，应考虑现场检查及拆换工作的方便。

（5）计量柜（屏、箱）的活动门必须能加封，门上应有带玻璃的观察窗，以便于抄表读数与观察表计运转情况。

（6）计量箱与墙壁的固定点应不少于3个，使箱体不能前后左右移动。

（7）计量柜（屏、箱）内在电源与计量器具之间宜装熔断器（或自动空气开关）。

进户线进入计量柜（屏、箱）时首先应接至熔断器（或自动空气开关），用来保护电能表及防止因用户电气装置的故障而影响电网安全运行。单相电能表在一相上装设 1 只熔断器，三相四线电能表在 U、V、W 三相上分别装设熔断器，但在任何情况下中性线不能装设熔断器。

（8）计量柜（屏、箱）的金属外壳应有接地端钮。

（9）计量、配电合一的开关屏，安装的开关电器应具有防振措施。

任务四　电能计量装置安装要求

【任务描述】

本模块学习电能计量装置安装前准备工作，以及电能表、互感器、二次回路、计量箱的安装要求。

电能计量装置的安装应严格按通过审查的施工设计或用户业扩工程确定的供电方案进行。

（1）安装的电能计量器具必须经有关电力企业的电能计量技术机构检定合格。

（2）使用电能计量柜的用户或发、输、变电工程中的电能计量装置，可由施工单位进行安装，其他贸易结算用电能计量装置均应由供电企业安装。

（3）电能计量装置安装应执行电力工程安装规程《电能计量装置技术培训规程》的有关规定和其他相关规定。

（4）电能计量装置安装完工应填写竣工单，整理有关的原始技术资料，做好验收交接准备。

一、电能计量装置安装前准备工作

装表接电人员接到装接工单后，应做以下准备工作：

（1）核对工单所列的计量装置是否与用户的供电方式和申请容量相适应，如有疑问，应及时向有关部门提出。

（2）凭工单到表库领用电能表、互感器，并核对所领用的电能表、互感器是否与工单一致。

（3）检查电能表的校验封印、接线图、检定合格证、资产标记是否齐全、检验日期是否在 6 个月以内，外壳是否完好，圆盘是否卡住。

（4）检查互感器的铭牌、进行标志是否完整、清晰，接线螺丝是否完好，检定合格证是否齐全。

（5）检查所需的材料及工具、仪表等是否配足带齐。

（6）电能表在运输途中应注意防振、防摔，应放入专用防振箱内；在路面不平、振动较大时，应采取有效措施减小振动。

二、安全要求

安全工作方针：安全第一、预防为主、综合治理。

（1）严格执行保证安全工作的组织措施和技术措施。现场工作不得少于 2 人，明确 1 名负责人，负责现场监护。

（2）戴安全帽、穿工作服及绝缘鞋、带线手套；站在绝缘垫上，使用绝缘工具，不得触碰带电部位。

（3）严禁将电流回路二次开路，严禁将电压二次回路短路。

三、电能表的安装

1. 电能表的安装场所应符合的规定

（1）周围环境应干净明亮，不易受损、受振，无磁场及烟灰影响。

（2）无腐蚀性气体、易蒸发液体的侵蚀。

（3）运行安全可靠，抄表读数、校验、检查、轮换方便。

（4）电能表原则上装于室外的走廊、过道内及公共的楼梯间，或装于专用配电间内（二楼及以下）。高层住宅 1 户 1 表，宜集中安装于二楼及以下的公共楼梯间内。

（5）装表点的气温应不超过电能表标准规定的工作温度范围。

2. 电能表的一般安装规范

（1）高供低计的用户，计量点到变压器低压侧的电气距离不宜超过 20m。

（2）电能表的安装高度，对计量屏，应使电能表水平中心线距地面在 0.6～1.8m 的范围内；对安装于墙壁的计量箱宜为 1.6～2.0m 的范围。

（3）装有计量屏（箱）内及电能表表板上的开关、熔断器等设备应垂直安装，上端接电源，下端接负荷。相序应一致，从左侧起排列相序为 U、V、W 或 U（V、W）、N。

（4）电能表的空间距离及表与表之间的距离均不小于 10cm。

电能表安装必须牢固垂直，每只表除挂表螺钉外至少还有 1 只定位螺钉，应使表中心线向各方面的倾斜度不大于 1°。

当装有或校验感应式电能表时，由于安装位置偏离中心线而倾斜一定的角度时，将会引起附加误差，其原因有以下 2 点：

1）由于圆盘对于电磁铁的相对位置发生变化，引起了转动力矩的改变。当电磁铁对于圆盘的相对位置两边不对称时，就会产生一个附加的力矩。其作用原理和低负荷补偿力矩相似。

2）由于转动体对上下轴承的侧压力随着电能表的倾斜而增大，引起了摩擦力矩的增大，使得电能表出现负误差。

倾斜引起的表计误差在轻负荷会大得多，对磁力轴承的电能表倾斜引起的误差更为严重。因此感应式电能表安装时不能倾斜，以减少倾斜误差。

（5）安装在绝缘板上的三相电能表，若有接地端钮，应将其可靠接地或接零。

JB/T 5467—2002《机电式交流有功和无功电能表》规定：对在正常条件下连接到对地电压超过 250V 的供电线路上，外壳是全部或部分用金属制成的电能表，应该提供一个保护端。因此，单相 220V 电能表一般不设接地端；三相电能表有的也未设接地端。但对设有接地端钮的三相电能表，应可靠接地或接零。

（6）在多雷地区，计量装置应装设防雷保护，如采用低压阀型避雷器。

当低压配电线路受到雷击时，雷电波将由接户线引入屋内，危害极大。

最简单的防雷方法是将接户线入户前的电杆绝缘瓷瓶铁脚接地，这样当线路受到雷击时，就能对绝缘的绝缘子铁脚放电，把雷电流泄掉，从而使设备和人员不受高电压的危害。在多雷地区，安装阀型避雷器或压敏电阻，较为适宜。

（7）在装表接电时，必须严格安装接线盒内的图纸施工。对无图纸的电能表，应先查明内部接线。现场检查的方法可使用万用表测量各端钮之间的电阻值，一般电压线圈阻值在千欧级，而电流线圈的阻值近似为零。若在现场难以查明电能表的内部接线，应将表退回。

（8）在装表接线时，必须遵守以下接线原则：

1）单相电能表必须将相线接入电流线圈；

2）三相电能表必须按正相序接线；

3）三相四线电能表必须接零线；

4）电能表的零线必须与电源零线直接接通，进出有序，不允许相互串联，不允许采用接地、接金属外壳等方式代替；

5）进表导线与电能表接线端钮应为同种金属导体。

直接接入式电能表导线截面积，应根据正常负荷电流选择，常用绝缘导体允许的连续电流值见表 6-2。

表 6-2　　　　　　　　常用绝缘导体允许的连续电流值

芯线截面积 (mm^2)	芯线直径 (mm)	允许电流（A）		芯线截面积 (mm^2)	芯线直径 (mm)	允许电流（A）	
		铜芯	铝芯			铜芯	铝芯
2.5	1/1.76	15	12	35	7/2.49	150	116
4	1/2.24	25	19	50	19/1.81	190	145
6	1/2.73	35	27	70	19/2.14	240	185
10	7/1.33	60	46	95	19/2.49	290	225
16	7/1.68	90	69	120	37/2.01	340	260
25	7/2.11	125	96	150	37/2.24	390	300

（9）进表线导体裸露部分必须全部插入接线盒内，并将端钮螺钉逐个拧紧。线小孔大时，应采取有效的补救措施。带电压连接片的电能表，安装时应检查其接触是否良好。

3. 零散居民和单相供电的经营性照明用户电能表的安装要求

（1）电能表一般安装在户外临街的墙上，临街安装确有困难时，可安装在用户室内进门处。装表点应尽量靠近沿墙敷设的接户线，并便于抄表和巡视的地方，电能表的安装高度，应使电能表的水平中心线距地面 1.8～2.0m。

（2）电能表的安装，采用表板加专用电能表箱的方式。每一用户在表板上安装单相电能表 1 块，封闭电能表的专用表箱 1 个，瓷插式熔断器 2 个，单相闸刀开关 1 只。

（3）专用电能表箱应由电压局统一设计，其作用为：①保护电能表；②加强封闭性能，防止窃电；③防雨、防潮、防锈蚀、防阳光直射。

（4）电能表的电源侧应采用电缆（或护套线）从接户线的支持点直接引入表箱，电源侧不装设熔断器，也不应有破口、接头的地方。

（5）电能表的负荷侧，应在表箱外的表板上安装瓷插式熔断器和总开关，熔体的熔断电流宜为电能表额定最大电流的 1.5 倍左右。

（6）电能表及电能表箱均应分别加封，用户不得自行启封。

4. 高层住宅居民户电能表的安装要求

（1）对于居民集中的高层住宅，宜以单元为单位，集中安装电能表。在高层住宅每单元的一楼（或 2 楼，或 1、2 楼之间的楼梯间）安装公用电能表箱 1～2 个，将该单元所有用户的电能表集中装于其中。表箱的安装高度一般为 1.6～2.0m。

（2）表箱应有便于抄表的观察窗。电能表及电能表箱均应分别加封，用户不得自行启封。

（3）表箱内应装有总进线熔断器及专用接线盒，电源进入电能表箱后，先进入总熔断器，然后通过专用接线盒，再分配到各用户的电能表。

（4）由电能表箱至各用户的线路上，必须装设瓷插熔断器。熔体的熔断电流宜为电能表额定最大电流的 1.5 倍左右。

四、电流互感器的安装

低压电流互感器的安装，一般应遵循以下安装规范：

（1）电流互感器安装必须牢固。互感器外壳的金属外露部分应可靠接地。

（2）同一组电流互感器应按同一方向安装，以保证该组电流互感器一次及二次回路电流的正方向均一致，并尽可能易于观察铭牌。

（3）电流互感器二次侧不允许开路，对双次级互感器只用一个二次回路时，另一个次级应可靠短接。

（4）低压电流互感器的二次侧可不接地。这是因为低压计量装置使用的导线、电能表及互感器的绝缘等级相同，可能承受的最高电压也基本一致；另外二次绕组接地后，整套装置一次回路对地的绝缘水平将要下降，易使有绝缘弱点的电能表或互感器在高电压作用时（如受感应雷击）损坏。从减小遭受雷击损坏出发，也不应接地。

五、二次回路的安装

（1）电能计量装置的一次与二次接线，必须根据批准的图纸施工。二次回路应有明显的标志，最好采用不同颜色的导线。

二次回路走线要合理、整齐、美观、清楚。对于成套计量装置，导线与端钮连接处，应有字迹清楚、与图纸相符的端子编号排。

（2）二次回路的导线绝缘不得有损伤，不得有接头，导线与端钮的连接必须拧紧，接触良好。

（3）低压计量装置的二次回路连接方式：

1）每组电流互感器二次回路接线应采用分相接法。

2）电压线宜单独接入，不与电流线公用，取电压处和电流互感器一次间不得有任何断口，且应在母线上另行打孔连接，禁止在两端母线连接螺钉上引出。

（4）当需要在一组互感器的二次回路中安装多块电能表（包括有功电能表、无功电能表、最大需量表、多费率电能表等）时，必须遵循以下连接原则：

1）每块电能表仍按本身的接线方式连接。

2）各电能表所有的同相电压线圈并联，所有的电流线圈串联，接入相应的电压、电流回路。

3）保证二次电流回路的总抗阻不超过电流互感器的二次额定阻抗值。

4）电压回路从母线到每个电能表端钮盒之间的电压降，应符合 DL/T 448—2000《电能计量装置技术管理规程》中的要求。

六、计量柜（屏、箱）的安装

1. 低压非照明电能计量装置的安装要求

（1）由专用变压器供电的低压计费用户，其计量装置可选用以下 2 个方案之一：

1）将变压器低压侧套管封闭，在低压配电间内装设低压计量屏的计量方式。低压计量柜（屏、箱）应为变压器出线后的第一块屏体；变压器至计量柜（屏、箱）之间的电气距离不得超过 20m，应采用电力电缆或绝缘导线连接，中间不允许装设隔离开关等开断设备，电力电缆或绝缘导线不允许采用地埋方式。

2）对于严重窃电，屡查屡犯的农村用户，可将变压器低压侧套管封闭，在变压器低压封闭套管侧装设计量柜（屏、箱）进行计量。

（2）由公用变压器供电的动力用户，宜在产权分界处装设低压计量柜（屏、箱）计量。

（3）对实行电量承包试点的农电站，一般应采用高压计量柜（屏、箱）计量。

2. 农村及小容量高压用户宜采用高压计量柜（屏、箱）

目前高压计量柜（屏、箱）电能表的安装方式有两种：一种是电能表箱体附在组合互感器箱的侧面，这样电能表一般距地面较高，且距高压带电部分很近，运行维护及抄表问题可采用遥控、遥测方式。另一种是电能表箱体与组合互感器分离，通过电缆引下另外安装，这种方式便于抄表与监视，但需要注意的是由于电流互感器二次负荷容量相对较小，故电能表与组合互感器之间的电缆不宜过长，另外，电缆必须穿入钢管或硬塑管内加以保护。高压计量箱结构简单、体积较小、安装方便、价格低廉，基本上能满足计量要求，尤其在农村降损防窃方面，效果明显。

任务五　电能计量装置的竣工验收

【任务描述】

本模块学习竣工验收过程中关于技术资料、现场核查、验收试验、验收结果的处理等内容。

电能计量装置投运前应有相关管理部门组织专业人员进行全面的验收。其目的是：及时发现和纠正安装工作中可能出现的差错；检查各种设备的安装质量及布线工艺是否符合要求；核准有关的技术管理参数，为建立用户档案提供准确的技术资料。

验收的项目即内容应包括技术资料、现场核查、验收试验、验收结果的处理。

一、验收技术资料核查

（1）电能计量装置计量方式原理接线图，一次、二次接线图，施工设计图和施工变更资料。

（2）电压、电流互感器安装使用说明书、出厂检验报告、法定计量检定机构的检定证书。

（3）计量柜（屏、箱）的出厂检验报告、说明书。

（4）二次回路导线或电缆的型号、规格或长度。

（5）电压互感器二次回路中的熔断器、接线端子的说明书等。

（6）高压电气设备的接地及绝缘试验报告。

（7）施工过程中需要说明的其他资料。

二、现场核查（送电前检查）

（1）计量器具型号、规格、计量法定标志、出厂编号等应与计量检定证书和技术资料的内容相符。

（2）产品外观质量应无明显瑕疵和受损。

（3）安装工艺质量应符合有关标准要求，检查电能表、互感器安装是否牢固，位置是否适当，外壳是否根据要求正确接地或接零等。

（4）电能表、互感器及其二次回路接线情况应和竣工图一致。检查电能表、互感器一次、二次接线及专用接线盒，接线是否正确，接线盒内连接片位置是否正确，连接是否可靠，有无碰线的可能，安全距离是否足够，各接点是否牢固牢靠等。

（5）检查进户装置是否按设计要求安装，进户熔断器熔体选用是否符合要求；检查有无工具等物体遗留在设备上。

（6）按工单要求抄录电能表、互感器的铭牌参数数据，计量电能表起止码及进户装置材料等，并告知用户核对。

三、验收试验（通电检查）

（1）检查二次回路中间触点、熔断器、试验接线盒的接触情况。对电能计量装置通以工作电压，观察其工作是否正常；用万用表（或电压表）在电能表端钮盒内测量电压是否正常（相对地、相对相），用试电笔核对相线和零线，观察其接触是否良好。

（2）进行电流、电压互感器实际二次负荷及电压互感器二次回路压降的测量。通过对某 220kV 用户变电站计量装置的测评实例发现，当电流互感器带额定二次负荷时，测得其比差和角差均能满足规程要求；而当电流互感器带实际二次负荷时，虽然此时二次实际负荷值在额定范围之内，但其角差仍超标。由此可见，高压互感器必须经现场实际负荷误差试验合格。

（3）接线正确性检查。用相序表核对相序，引入电源相序应与计量装置相序标志一致带上符合后观察电能表运行情况；用相量图法核对接线的正确性及对电能表进行现场检（对低压计量装置该工作在专用端子盒上进行）。

（4）对计量电流、电压互感器按规程进行现场误差及二次负荷等试验。

（5）对最大需量表应进行需量清零，对多费率电能表应核对时针是否准确和各个时段是否整定正确。

（6）安装工作完毕后的通电检查，有时因电力负荷很小，使有些项目（如六角图法分析等）不能进行，或者是多费率表、需量表、多功能表等比较复杂的计量装置，均需在竣工后 3 天内至现场进行一次核对检查。

四、验收结果的处理

（1）经验收的电能计量装置应由验收人员及时实施封印。封印的位置为互感器二次回路的各接线端子、电能表端钮盒、封闭式接线盒、计量柜（屏、箱）门等；实施铅封后应由运行人员或用户对铅封的完好签字认可。

（2）检查工作凭证记录内容是否正确、齐全，有无遗漏；施工人、封表人、用户是否已签字盖章。以上全部齐整后将工作凭证转交营业部门归档立足。转交前应将有关内容登记在电能计量装置台账上，填写电能计量装置账、册、卡。

（3）经验收的电能计量装置应由验收人员填写验收报告，注明"计量装置验收合格"或者"计量装置验收不合格"及整改意见，整改后再行验收。验收不合格的电能计量装置禁止投入使用。

（4）在进行竣工检查的同时，应按《高、低压电能计量装置评级标准》对计量装置进行登记评定工作，达不到 1 级装置标准，不能投入使用。电能计量装置评级是计量技术管理的一项基层工作，通过评级既可全面掌握设备的技术状况，又可加强对设备的维修和改进。所有验收报告及验收资料应归档。

五、成套电能计量装置验收时的重点检查项目

（1）计量装置的设计应符合 DL/T 448—2000《电能计量装置技术管理规程》的要求。

（2）计量装置所使用的设备、器材均应符合国家标准和电力行业标准，并附有合格证件。各种铭牌标志清晰。

（3）电能表、互感器的安装位置应便于抄表、检查及更换，操作空间距离、安全距离足够。

（4）计量屏（箱）可开启门应能加封。

（5）一次、二次接线的相序、极性标志应正确一致，固定支持间距、导线截面积应符合要求，引入电源相序应与计量装置相序标志一致。

（6）核对二次回路导通情况及二次接线端子标致是否正确一致、计量二次回路是否专用。

（7）检查接地及接零系统。

（8）测量一次、二次回路绝缘电阻，检查绝缘耐压试验记录。

（9）各种图纸、资料应齐全。

【小结】

电能计量点是输、配电线路中装接电能计量装置的位置，用电计量装置原则上应装在供电设施的产权分界处。

根据 DL/T 448—2000《电能计量装置技术管理规程》，按照计量电量多少和计量对象的重要程序将电能计量装置分为五类。

计量装置的接线方式取决于电力系统一次侧中性点的接地方式。接地方式分为中性点有效接地和中性点非有效接地。计量装置的配置是一个综合性的问题，应根据负荷电压等级、额定功率的大小，科学选用互感器和电能表的量程和准确度。

电能计量装置的安装应严格按通过审查的施工设计或用户业扩工程确定的供电方案进行。

电能计量装置投运前应进行全面的验收。其目的是：及时发现和纠正安装工作中可能出现侧差错；检查各种设备的安装质量及布线工艺是否符合要求；核准有关的技术管理参数，为建立用户档案提供准确的技术资料。

【练习题】

1. 什么是电能计量点？确定电能计量点的原则是什么？

2. 请简述我国目前的主要计量方式。

3. 电能计量装置是如何分类的？

4. 电流互感器的配置有哪些要求？

5. 电压互感器的配置有哪些要求？

6. 电能表的配置有哪些要求？

7. 电能计量装置安装前应做哪些准备工作？

8. 低压电流互感器的安装，一般应遵循哪些安装规范？

9. 二次回路的安装要注意什么？

10. 电能计量装置验收的内容有哪些？

参 考 文 献

［1］电力行业职业技能鉴定指导中心．装表接电．北京：中国电力出版社，2008．

［2］国家电网公司生产运营部．电能计量装置接线图集．北京：中国电力出版社，2010．

［3］王立波．装表接电．北京：中国电力出版社，2007．

［4］张冰．装表接电．北京：中国电力出版社，2011．

［5］陈向群．电能计量技能考核培训教材．北京：中国电力出版社，2003．

［6］王富勇．装表接电与内线安装．北京：中国电力出版社，2010．

［7］李国胜．电能计量及装表接电工．北京：中国电力出版社，2009．

［8］孙方汉，王新，杜启刚．电能计量及其管理．北京：中国水利水电出版社，2005．

［9］吴安岚．电能计量基础及新技术．北京：中国水利水电出版社，2004．

［10］丁毓山．电子式电能表与抄表系统．北京：中国水利水电出版社，2005．

［11］商福恭．电能表接线技巧．北京：中国电力出版社，2007．

［12］丁毓山，徐义斌．电力工人技术等级暨职业技能鉴定培训教材　配电线路工．北京：中国水利水电出版社，2009．

［13］刘清汉，林虔，丁毓山．内线安装工．北京：中国水利水电出版社，2003．

［14］周启龙．电工仪表及测量．北京：中国水利水电出版社，2008．